ラムサール条約の国内実施と地域政策

——地域連携・協働による条約義務の実質化——

中央学院大学社会システム研究所［編集］

佐藤　寛・林　健一［著］

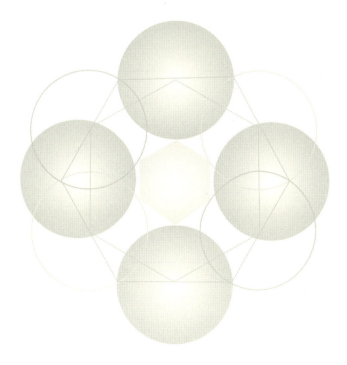

成文堂

東よか干潟

林撮影 2015.11.28（佐賀県）

荒尾干潟（蔵満海岸）

林撮影 2017.2.5（熊本県）

佐潟（下潟）

林撮影 2015.12.18（新潟県）

瓢湖

林撮影 2015.12.19（新潟県）

伊豆沼（伊豆沼野鳥観察館付近）

林撮影 2015.2.10（宮城県）

伊豆沼周辺水田で休息するオオハクチョウ

林撮影 2015.2.10（宮城県）

内沼

林撮影 2015.2.10（宮城県）

内沼の周辺水田における水鳥の採食の様子

林撮影 2015.2.10（宮城県）

片野鴨池（夏）

林撮影 2014. 7. 13（石川県）

片野鴨池（冬）

林撮影 2016. 12. 18（石川県）

ウトナイ湖と周辺湿地（夏）

佐藤撮影2015.7.12（北海道）

厳冬のウトナイ湖

佐藤撮影2017.2.8（北海道）

発刊にあたり

社会科学の研究は、常に一定の社会的文脈のもとで行われ、その結果は何らかの社会的インプリケーションをもたざるを得ない。特に、近年では、政策的示唆を与えるような研究に対する要請が高まっている。

管見の限りだが、従来からのたこつぼ型の専門分野のみのアプローチでは、再帰的近代化とも称される、複雑化、多様化する現代社会特有の課題の解決は不可能と思われる。

また、現代社会の存立構造とその解明には、従来の研究では対立関係になりやすかった学問的立場と実務の立場を連携する研究、つまり、各専門分野を越えた相互の協働研究が肝要と考えられる。

こうした認識に立ち、中央学院大学社会システム研究所では現代社会や身近な地域の諸課題の解決に寄与するとともに、その基盤となる学問体系の再構築と深化を目指した研究に取り組んでおり、特に、設立当初から「水」と「地域」を研究テーマの１つとしている。

すなわち、危機的状況にある現代日本の湿地や水辺空間の現状に鑑みて、水と地域再生問題の具体的課題の一つとして、基幹プロジェクト「ラムサール条約に基づく地域政策の展開過程の研究」（平成２６年度～継続中）を設定した。

この研究報告として「中央学院大学社会システム研究所紀要」に発表してきた小論をもとに、プロジェクトの中間報告として本書を取りまとめたものである。

本書では、湿地の保全再生と賢明な利用を地域連携の文脈から具体化する地域政策の確立に寄与していくこと、つまり、地域における生物多様性の主流化を目指すための、新たな湿地政策研究を試みている。

いずれの論考も未完の考察にとどまっているが、水鳥保護と湿地の保全再

生に取り組む地域住民・NPO、行政職員、企業、専門家のみなさんの一助
となれば望外の幸せである。

　最後に、本書の刊行の労をとって下さった成文堂社長の阿部成一氏、同編
集部の小林等氏に、この場をお借りして、心からの感謝を申し上げたい。

　平成 30 年 3 月

中央学院大学
社会システム研究所
　所長　佐藤　寛

目　次

序章　本書の検討課題と構成 ……………………………………… *1*

　1　湿地をめぐる問題の所在 ……………………………………… *2*

　2　検討素材としてのラムサール条約 …………………………… *5*

　3　分析の視点と検討課題 ………………………………………… *7*

　　(1) 分析の視点1：「条約の示す義務等」の実質化 …………… *7*

　　(2) 分析の視点2：「地域連携」による湿地の効果的な保全再生 ………… *8*

　　(3) 本書の構成 ………………………………………………… *10*

第1部　地域連携によるラムサール条約義務の発展的実現

第1章　ラムサール条約の効果的な実施と
　　　　地方自治体の役割 …………………………………………… *17*

　1　はじめに ………………………………………………………… *17*

　2　地方自治体が条約義務の実質化に果たす役割 ……………… *18*

　　(1) 国内法と国際法の関係 …………………………………… *18*

　　(2) 国内法における国際法の地位と役割 …………………… *19*

　　(3) 地方自治体が条約の国内実施に果たす役割 …………… *23*

　3　ラムサール条約の効果的な実施と地方自治体の役割 ………… *28*

　　(1) 湿地の意義とその役割 …………………………………… *28*

　　(2) 締約国の湿地保全義務 …………………………………… *31*

　　(3) 条約の効果的な実施のための措置 ……………………… *32*

　　(4) ラムサール条約義務の実質化に向けた地方自治体の役割 ………… *34*

　4　おわりに ………………………………………………………… *35*

第 2 章　ラムサール条約の観点から見た
日本の湿地政策の課題 …………………………… 39

1　はじめに ………………………………………………… 39

2　ラムサール条約からみた日本の湿地政策の課題 ………… 39

　⑴　日本におけるラムサール条約への取組み状況 …………… 39

　⑵　条約登録湿地選定のための国際的基準と日本の指定要件 …… 40

　⑶　国レベルでの湿地保全政策の方向性 …………………… 42

3　日本のラムサール条約登録湿地の特徴 ………………… 43

　⑴　登録湿地の指定状況 …………………………………… 43

　⑵　「国際的に重要な湿地」の選定基準から見た特徴 ………… 46

　⑶　国内法の保護形態から見た特徴 ……………………… 47

4　我が国の湿地保護制度の特徴と課題 …………………… 49

　⑴　鳥獣保護法による保護・規制制度の概要 ……………… 49

　⑵　自然公園法による保護・規制制度の概要 ……………… 51

　⑶　条約の国内実施を行う上での法・政策面の課題 ………… 52

5　おわりに ………………………………………………… 56

第 3 章　地域連携によるラムサール条約義務等の
実質化 …………………………………………… 59

1　本章の検討課題 ………………………………………… 59

2　条約の国内実施基盤としての生物多様性基本法 ………… 60

　⑴　生物多様性基本法の概要 ……………………………… 61

　⑵　生物多様性基本法が示す基本原則 …………………… 64

　⑶　生物多様性地域戦略の意義と策定状況 ……………… 65

3　地域連携の基盤となる生物多様性地域連携促進法 ……… 68

　⑴　地域連携促進法の概要 ………………………………… 69

　⑵　地域連携保全活動の意義 ……………………………… 69

　⑶　地域連携保全活動計画の意義と活用状況 …………… 70

4　地域連携によるラムサール条約湿地の保全・再生 ……… 72

　⑴　ラムサール条約の示す義務等の方向性 ……………… 72

(2)「条約の義務等」を実質化するための措置の選定 ………………… *72*

　　(3) 実質化問題の検討Ａ：地域戦略の活用による湿地の保全・再生 …… *74*

　　(4) 実質化問題の検討Ｂ：渡り性水鳥保護とその生息地の保全・再生 … *76*

　5　おわりに ………………………………………………………………… *78*

第4章　地域連携・協働による湿地保全再生システムの

　　　　構築に向けて ……………………………………………………… *83*

　1　はじめに ………………………………………………………………… *83*

　2　湿地保全再生政策における地域連携・協働の必要性 ………… *84*

　　(1) 地域連携が必要とされる背景 ……………………………………… *84*

　　(2) ラムサール条約湿地と参加・連携・協働 ……………………… *86*

　　(3) 地域連携・協働の必要性 …………………………………………… *87*

　3「地域連携・協働による湿地保全再生システム」構築に

　　向けた視座 ……………………………………………………………… *89*

　　(1) 地域連携・協働システム構築に向けた課題 …………………… *90*

　　(2) マルチステークホルダー・プロセスの活用 …………………… *91*

　　(3) 環境指標を中核とした地域連携・協働システム ……………… *93*

　4　おわりに ………………………………………………………………… *95*

第2部　条約の国内実施をめぐる諸問題の考察

第5章　条約湿地のブランド化と持続可能な利用

　　　　──「ワイズユース」定着に向けて ………………………… *99*

　1　はじめに ………………………………………………………………… *99*

　2　条約湿地のブランド化への期待と懸念 ………………………… *100*

　　(1) 問題の所在 …………………………………………………………… *100*

　　(2) 地域ブランド登場の背景 …………………………………………… *104*

　　(3) 地域ブランドの概念とその展開 ………………………………… *105*

　3　条約湿地のブランド化と"wise use" …………………………… *109*

　　(1)"wise use"概念の変遷 …………………………………………… *109*

vi　目　次

　　(2)　"wise use" を取り巻く課題の諸相 ……………………………… *112*
　　(3)　条約湿地における地域ブランド化の取り組み事例の分析 ………… *113*
　　(4)　ラムサールブランド構築に向けた地域政策の課題 ………………… *119*
　4　おわりに ………………………………………………………………… *120*

第6章　有明海のラムサール条約登録湿地の
　　　　　環境保全と地域再生 ………………………………………… *125*
　1　はじめに ………………………………………………………………… *125*
　2　有明海の特徴と干拓の歴史 …………………………………………… *126*
　　(1)　有明海の特徴と干潟の分布 ………………………………………… *126*
　　(2)　有明海の干拓と干潟 ………………………………………………… *129*
　　(3)　ラムサール条約の示す義務の方向性 ……………………………… *130*
　　(4)　有明海とその周辺地域が直面する課題 …………………………… *130*
　3　有明海のラムサール条約湿地のケーススタディ …………………… *131*
　　(1)　東よか干潟 …………………………………………………………… *131*
　　(2)　肥前鹿島干潟 ………………………………………………………… *137*
　　(3)　荒尾干潟 ……………………………………………………………… *143*
　4　CEPA を活用した地域再生に向けて ………………………………… *149*

第7章　水田と一体となったラムサール条約登録湿地の
　　　　　保全と活用 ………………………………………………………… *153*
　1　はじめに ………………………………………………………………… *153*
　2　水田とラムサール条約湿地 …………………………………………… *154*
　　(1)　水田の多面的な機能 ………………………………………………… *154*
　　(2)　水田と湿地の関係 …………………………………………………… *155*
　　(3)　水田とラムサール条約湿地の関係 ………………………………… *156*
　3　水田と一体となったラムサール条約湿地のケーススタディ … *158*
　　(1)　伊豆沼・内沼 ………………………………………………………… *158*
　　(2)　片野鴨池 ……………………………………………………………… *165*
　　(3)　佐潟 …………………………………………………………………… *170*

（4）瓢湖 ……………………………………………………………… *177*

　4　おわりに ………………………………………………………………… *182*

第8章　ウトナイ湖が直面する課題
　　　　――環境社会学的な視点から ……………………………… *185*

　1　はじめに ………………………………………………………………… *185*

　2　ウトナイ湖――小さな川の流れが集まるところ ……………… *186*

　　　（1）ウトナイ湖の概要 ……………………………………………… *186*

　　　（2）勇払原野の自然環境と地域開発 …………………………… *189*

　3　ウトナイ湖の鳥獣保護をめぐる課題 ………………………… *191*

　　　（1）ウトナイ湖の渡り性水鳥の概況 …………………………… *191*

　　　（2）ウトナイ湖の鳥獣保護施策 ………………………………… *192*

　　　（3）新たな課題――鳥インフルエンザへの対応 ……………… *194*

　4　おわりに ………………………………………………………………… *195*

巻末資料：Ramsar Handbooks（1巻～20巻）の概要　　*198*

あとがき　　*230*

参考文献・資料　　*233*

序章　本書の検討課題と構成

　湿地（wetlands）は幅広い概念であり、湿原、湖沼、地下水系、水田、ため池、干潟、マングローブ、藻場、サンゴ礁などの総称である。湿地は、水辺と陸地の境界に位置する特殊な環境にあり、希少な生物種の保全、豊富な水資源、水循環や水質環境の調整、泥炭などの有機質土壌による地球の炭素循環の調節など、様々な機能を担っている。

　加賀乙彦は小説「湿原」において、「大体この湿原の底には、何千年か何万年か知らぬが、とにかく途方もなく長い時間がかかって堆積した植物の残渣、どろどろの泥炭層がある。川や沼をのぞきこむと見える、コーヒー色の沈殿物がそれだ。（略）牛や熊など図体の大きい動物がそこに沈み込んだら、あっというまに呑み込まれるともいう。泥炭の粘着力のため泳ぐことができないからだ。むろん人間とて例外ではない」（上巻 p. 162）。また、「湿原は大地ではないのだ。今座っている場所も、いつ水没し、本来の姿に帰るか分からない。底なし沼に浮く、贋の陸地に過ぎないのだ」（上巻 p. 166）とも表現している。

　湿地は、このように不気味な場所と考えられたり、長い間不毛の土地、無価値な土地、病のはびこる場所などとみなされたりしてきた。また、湿地を干拓し、宅地化、農耕地化することが社会経済の発展とともに進められ、その過程で多くの湿地が失われてきた。その結果、湿地は今日最も危機に瀕している生態系と称されるまでになり、湿地の保全再生は重要な課題となっている。

　湿地の保全再生を図るための基礎的枠組みとしてラムサール条約が広く知られている。本書では、このラムサール条約と地域政策の関係に焦点を当

て、特に、地方自治体が条約の国内実施や条約の示す義務等の実質化に対して果たす役割を検討していく。また、地方自治体がラムサール条約の示す義務等に配慮して実施する地域政策の具体像は、どの様なものなのか検討していく。

本書は、これらの課題を検討することにより、湿地の生態学的特徴の保全再生と湿地の賢明な利用を具体化する地域政策（以下「湿地保全再生政策」という。）の確立に寄与していくこと、つまり、地域政策学の観点[1]から新たな湿地研究を試みんとするものである。

課題の検討に先立ち、序章では湿地をめぐる問題の所在について概観を加えていく。その後、検討素材としてのラムサール条約の概要、分析の視点と検討課題について述べていくこととする。

1　湿地をめぐる問題の所在

湿地の機能劣化、消失は、「豊芦原瑞穂の国」を美称とする我が国も例外ではない。若干古い統計資料であるが、国土地理院が実施した「湖沼湿原調査」[2]により、我が国の湿地・湿原の変遷と現状について確認していくことにする。

この調査は、日本全国の湿地・湿原の変化を把握することを目的とし、1996（平成8）～1999（平成11）年度にかけて実施され、明治・大正時代から現在までの、およそ70年から90年間の湿地面積の変化を計測したものである。具体的には、明治・大正時代の5万分1地形図に表示されている湿地記号の範囲と現在の5万分1地形図に表示されている湿地記号の範囲を地形図上で比較して湿地面積の増加・減少が把握されている。

図1は、同調査が日本全国の湿地面積について、明治・大正時代から現在までの変化量を分類区分別に整理したものである。明治・大正時代の湿地面積は2,110.62㎢存在したが、平成12年調査時点では820.99㎢となっている。この間、宅地化や農耕地利用等の人為的要因による減少（減少（開発））によ

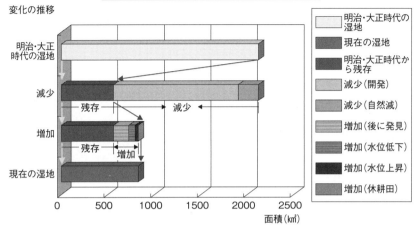

図1 湿地面積の変化状況

出典）http://www1.gsi.go.jp/geowww/lake/marsh/part/diagram_5.html（グラフ5）

り1,343.44㎢、土砂流入などの自然の要因による減少（減少（自然減））により210.21㎢が消失している。

　一方、面積の増加も確認されており、航空測量の実施により後に発見され、結果的に増加した面積が165.53㎢、その他、自然に起きた水位低下や水位上昇による湿地の増加、休耕田が湿地化したことによる増加が若干みられたところである[3]。

　これらを差し引きした結果、平成12年調査時点で全国の湿地面積は820.99㎢となり、明治・大正時代に存在した湿地面積の61.1％に当たる1,289.62㎢（琵琶湖の約2倍の広さに相当）が消失したことが、同調査により判明している。

　図2は、全国の湿地の分類区分による面積増減の割合を円グラフで示したものである。これによれば、明治・大正時代からの残存23.5％、開発による減少56.6％、自然減による減少8.8％、後に発見された増加7.0％、水位低下による増加2.8％、水位上昇による増加1.2％、休耕田の湿地化による増加

図2 分類区分別ごとの比率

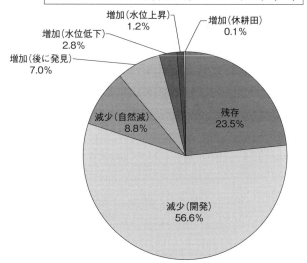

出典）http://www1.gsi.go.jp/geowww/lake/marsh/part/diagram_7.html（グラフ7）

0.1%となっている。

　表1は、湿地名称毎に、明治・大正時代の面積と現在の面積を比較し、湿地面積の減少について北海道地区、東日本地区、西日本地区の各地区に分けて変化量が大きい順に各3カ所整理したものである。

　全国で最も減少した湿地は、北海道の釧路湿原（釧路市他）である。大正時代の面積は337.39km²あったが、現在の面積は226.56km²であり、約33％の湿地が消失している。東日本地区では、青森県の屏風山湿地群（青森県木造町他）の面積が最も減少している。大正時代の面積は15.41km²あったが、現在の面積は1.58km²であり、約90％が消失している。

　これら2つの減少原因は、「減少（開発）」である。この区分は明治・大正時代の地図に湿地記号の記載があるが、現在の地形図に記載がないもので、宅地化や農耕地化、その他の人為的行為により湿地が減少したものとされている。各地区の湿地面積の減少はこの理由によるものがほとんどである。西

序章　本書の検討課題と構成　　5

表1　湿地名称ごとの湿地面積の減少（各地区上位3位）

			明治大正時代の面積	現在の面積	変化量（km²）	変化率（%）	減少部分の分類
北海道地区	1位	釧路湿原	337.39	226.56	▲110.83	▲32.85	減少（開発）
	2位	石狩川小湖沼群	86.19	0.66	▲85.53	▲99.23	減少（開発）
	3位	勇払原野	81.78	13.50	▲68.28	▲83.49	減少（開発）
東日本地区	1位	屏風山湿地群	15.41	1.58	▲13.83	▲89.75	減少（開発）
	2位	一里小屋湿地	8.71	0.29	▲8.42	▲96.67	減少（開発）
	3位	印旛沼周辺湿地	9.62	2.28	▲7.34	▲76.30	減少（開発）
西日本地区	1位	山下池・小の田池湿地	0.31	0.00	▲0.31	▲100.00	減少（開発）
	2位	タデ原湿原	0.23	0.00	▲0.23	▲100.00	減少（自然減）
	3位	宮崎港湿地	0.07	0.00	▲0.07	▲100.00	減少（開発）

出典）http://www1.gsi.go.jp/geowww/lake/marsh/part/list_x.html を部分抜粋し加筆。

日本地区のタデ原湿原（大分県九重町）は「減少（自然減）」とされ、土砂流入等の自然現象により湿地が減少したものに分類されている。なお、表中には記載がないが、全国で最大の増加は、栃木、群馬、埼玉、茨城にまたがる渡良瀬遊水地であり、明治・大正時代には3.48km²であったが、現在では19.67km²に増加している。

　今日では、こうした埋め立てや周辺開発による機能低下や消失だけでなく、外来種の侵入による生態系の変化、土砂流入等による乾燥化がみられる他、脆弱な生態系への地球温暖化や気候変動の影響が懸念されている。

　このため、湿地の開発規制に加えて、湿地や渡り性水鳥をはじめとする生態系保全からの取り組みが求められている。また、伝統的な管理の弱体化がみられるなど、湿地と人間の関係も大きく変化している。

　このため、湿地は今日最も危機に瀕している自然生態系と称されるまでになってしまい、その保全再生が重要な課題となっている。

2　検討素材としてのラムサール条約

　湿地の保全再生を図る上での基礎的枠組みとなる条約として、「特に水鳥の生息地として国際的に重要な湿地に関する条約（Convention on Wetlands of International Importance especially as Waterfowl Habitat)」（以下、「ラムサール条約」

という。)が広く知られている。

　ラムサール条約は、1971（昭和46）年イランのラムサールにおいて採択され、1975（昭和50）年に発効した、初期の多数国間自然保護条約である。

　条約の目的は、特に水鳥の生息地等として国際的に重要な湿地及びそこに生息する動植物の保全を促進することにある。つまり、水鳥保護にとどまらず、湿地やその生態系・生物多様性保護という視点を明確に打ち出し、湿地の管理保全の基本的な枠組みとして参照、活用されることが期待されている、湿地保全のための条約である。

　条約の活用状況をみると、2017（平成29）年3月2日現在、条約締約国169か国、登録湿地数2,060か所、合計面積は約2億1,527万haに及んでいる。我が国は1980（昭和55）年に加入し、同日現在、50ヶ所、14万8,002haのラムサール条約湿地を登録している。

　同条約の中核的概念は「賢明な利用（wise use）」である。この概念は「生態系の自然特性を変化させないような方法で、人が湿地を持続的に利用すること」と、初期においては定義されていた（勧告Ⅲ.3附属書）。その後、第9回締約国会議（2005年）において、国連の「ミレニアム生態系評価」や、生物多様性条約が適用している生態系アプローチと持続可能な利用の概念、そして、1987（昭和62）年の「ブルントラント委員会」で採択された持続可能な開発の定義が考慮された結果、湿地の賢明な利用を次のとおり再定義している。

　すなわち、「湿地の賢明な利用とは、持続可能な開発の考え方に立って、エコシステムアプローチの実施を通じて、その生態学的特徴の維持を達成すること」である（決議Ⅸ.1付属書A）。

　本書では、このwise useをはじめ、条約の中核的理念（指導的理念）や、条約本文の示す義務規定に加え、締約国会議等において蓄積されてきた、条約の解釈や奨励としての勧告的性質をもつ決議、勧告、指針、原則宣言、基準等を「条約の示す義務等」と定義し、検討の対象としていくものである。

　具体的には、wise useをはじめとする、ラムサール条約の示す義務等を

地域政策の形成、展開過程において参照し、効果的な湿地保全再生政策を実現していくための基礎的研究に取り組んでいくものである。

3　分析の視点と検討課題

著者らは、以上の問題意識の下、ラムサール条約と地域政策の関係について、次の2つの視点を設定し分析を行っていくこととした。

(1) 分析の視点1：「条約の示す義務等」の実質化

本書の検討課題の1つは、地方自治体が担う地域政策の各サイクル（Plan-Do-See）において、どのように「条約の示す義務等」を活用、実現、担保していくのかという点にある。

具体的には、条約を国内的実現（実施）していく上で課題となる、環境保護に関する国際条約の「義務履行の確保問題＝条約義務履行の実質化問題」（龍澤・米田, 2003, p. 47）を検討していくものである。「実質化」とは明文化された義務を「遵守」するだけではなく、当該条約の目的や精神からみて、明文化された義務それ自体の内容を発展させる「支援・促進的措置」を併せて講ずることにより、その義務が履行されたとする考え方である。換言すれば、明文化された義務の「遵守」と「支援・促進的措置の設定と行使」が統合、協働することにより「実質化」が図られるのである。（龍澤・米田, 2003, pp. 48-50）。

本書ではこの実質化問題の検討を行っていくが、条約の示す義務等を具体的に果たすには、中央政府はもとより、地方自治体（地方政府）における取組みが不可欠であり、地方自治体の条例、行政計画の立案などの実施措置が必要となる。また、地方自治体は、国際機関・国家と地域社会とをつなぐ中間支援的な位置にあり、地域の住民、企業、NPO、NGO の参加を促進し、連携を図る重要な役割を果たしえるなど、地域における条約の効果的な実施を支える位置にある。

本書では、こうした地方自治体が条約の国内実施に果たす役割に注目し、地域政策とラムサール条約の関係に焦点を当てていく。特に、条約の国内実施や条約の示す義務等の実質化に対して、地方自治体が果たす役割の具体像について検討していく。

この際、行政実務であまり考慮の対象となってこなかった、条約の示す義務等を地方自治体が政策プロセスの各サイクル（Plan-Do-See）で積極的に活用していくことを提唱していくこととし、このための基礎的検討を行っていく。

また、条約の示す義務等を一種の政策指針とみなし、これを政策プロセスの各サイクルにおいて、積極的に参照、活用するなど、地方自治体がラムサール条約の示す義務等に配慮して実施する地域政策の具体像はどの様なものなのか、事例研究を中心に考究していく。

(2) 分析の視点2：「地域連携」による湿地の効果的な保全再生

今日、地方自治体とその政策手段である地域政策を取り巻く環境は厳しさを増している。とりわけ、我が国は人口減少局面に突入しており、地域社会の持続可能性とともに、厳しい財政状況の中で、地方自治体が持続可能な公共サービス提供体制を維持できるかどうか、危機意識が高まっている。

こうした状況の下、第31次地方制度調査会は「人口減少社会に的確に対応する地方行政体制及びガバナンスのあり方に関する答申（平成28年3月16日）」を発表した。そこでは人口減少社会における地方行政体制のあり方として、広域連携等による行政サービスの提供、外部資源の活用による行政サービスの提供を推進していくべきこと等を指摘している。

「広域連携」は、規模の拡大による市町村合併とは異なり、機能の統合ともいうべきものであり、団体自治の観点からは地方分権にも役立つものである。すなわち、個々の地方自治体の規模を維持して自己決定権を留保しつつ、地域のアイデンティティを損なうことなく、大量化、多様化、高度化する行政ニーズに対応する方法である。これは、地方自治体間において、広域

あるいは共通の政策課題に対して、政策や事務事業の共同化を行うことで、規模のメリットを生かして効率化を図る狙いをもつものである（橋本 2017, p. 264）。

本書では、第31次地方制度調査会答申が示している、複数自治体間の広域連携だけでなく、地方自治体をはじめ地域の多様な主体による連携（地域連携）は、今後の地域課題を解決する手法として重要であると考えている。

このため、関係主体の地域連携を促進する観点からも実質化問題を考察していく。本書で想定している地域連携の定義は第4章2（3）①に示したが、そのイメージは、図3のとおりである。これには、湿地周辺の地域連携と湿地間の地域連携の2つがある。

前者の湿地周辺の地域連携は、条約湿地とその周辺水田等を含むエリアにおける関係主体（ステークホルダー）の連携により、ラムサール条約湿地の生態学的特徴を保全、再生し、渡り性水鳥をはじめとする多様な動植物の生息

図3　湿地を中核とする地域連携のイメージ

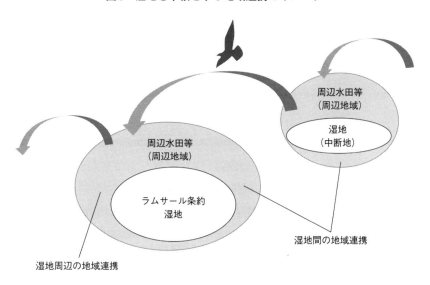

出典）著者（林）作成。

地を確保していくためものである。

　渡り性水鳥は、国境や特定の地域を超えて長距離の移動を行い、季節によって繁殖地、中継地、越冬地という異なる地域の間を移動している。季節によって異なる生息地を利用するため、1箇所でも生息環境が悪化すると移動する水鳥全体全体に影響する。このため、後者の湿地間の地域連携は、渡りの経路（フライウエイ）にあり、相互に補完関係にある湿地（周辺地域を含む）を擁する複数の地域が、モニタリングとその情報共有、生息地の減少、悪化などに同一歩調で取り組むための地域連携である。

　こうした地域連携は、マルチステークホルダー・プロセスを基調とするものと、本書では考えている。内閣府のHPにおける定義によれば、マルチステークホルダー・プロセスとは、3者以上のステークホルダーが、対等な立場で参加・議論できる会議を通し、単体もしくは2者間では解決の難しい課題解決のために、合意形成などの意思疎通を図るプロセスである。

　具体的には、各地域の湿地の保全再生に向けて、マルチステークホルダー・プロセスを活用し、各地の湿地に関係する地方自治体をはじめ、NPO、企業、消費者、投資家、専門家など、多種多様なステークホルダーが対等な立場で参加し、協働して課題解決にあたるものである。

　こうした構想を具現化することは、条約の示す義務等の実質化を効果的に実現していくことに大きく寄与するものである。本書では、こうした2つの地域連携の具体的なフレームのあり方と、安定的な政策基盤となる法制度のあり方などの基礎的課題について考察していくこととする。

(3) 本書の構成

　以上の課題について検討を行う本書は2部から構成されている。第1部は「地域連携によるラムサール条約義務の発展的実現」と題し、地域政策とラムサール条約の関係に焦点を当てている。特に、地方自治体が条約の国内実施や条約の示す義務等の実質化に対して果たす役割の具体像について検討している。

この際、行政実務であまり考慮の対象となってこなかった、条約の示す義務等を地方自治体が政策形成過程で積極的に活用していくことを提唱していくこととし、このための基礎的検討も行っている。第1部は次の4章構成となっている。

　第1章は「ラムサール条約の効果的な実施と地方自治体の役割」と題し、条約の誠実順守義務（憲法98条2項）を果たしていくため、地方自治体は条約の国内実施においていかなる役割を担うべきかとの課題について検討を行っている。課題検討にあたっては、条約の国内実施に関する先行研究に概観を加え、次にラムサール条約の湿地保全義務を抽出し、同条約の示す義務等を確認、把握している。これらの分析を踏まえ、ラムサール条約義務の実質化（義務の履行）に向けた地方自治体の役割の具体像を考察している。

　第2章は「ラムサール条約の観点から見た日本の湿地政策の課題」と題し、ラムサール条約の理念や締約国会議における決議等からみた、日本の湿地政策の現状と課題について検討を加えている。また、我が国における条約の国内実施の基盤となっている保護法制を確認し、その問題点を明らかにするとともに、条約の国内実施を行う上での法・政策面の課題となる新たな湿地保護法制のあり方を検討している。

　第3章は「地域連携によるラムサール条約義務等の実質化」と題し、湿地の賢明な利用を始めとする条約の示す義務等を履行、担保し、条約湿地の保全・再生を積極的に促進するための安定的な制度基盤のあり方を考察している。検討素材として、生物多様性基本法に基づく生物多様性地域戦略を取り上げている。また、地域連携を促進する観点からも実質化問題を考察するため、生物多様性地域連携促進法に基づく地域連携保全活動計画を取り上げている。本章ではこれらの制度概要と運用状況を紹介するとともに、地方自治体は、地域戦略と保全活動計画を活用し、条約の示す義務等をどのように実質化していくべきかとの問題（実質化問題）について、湿地自体の保全・再生と、渡り性水鳥保護のための環境保全・再生活動の2つの側面から検討を行っている。

第4章は「地域連携・協働による湿地保全再生システムの構築に向けて」と題し、地域連携・協働による湿地保全再生システム、つまり、湿地をめぐる多様なステークホルダーが湿地の保全再生に必要な諸課題の解決に向けて連携（協働）し、必要な対策や環境配慮行動を各主体が実施していくためのシステムの構築に必要な視点を検討している。具体的には、マルチステークホルダー・プロセスと環境指標をとりあげ、相互を関連付けたシステムのあり方を模索している試論である。これにより、条約義務の実質化を担保する地域政策を確立していくことを目標としている。

第2部は「条約の国内実施をめぐる諸問題の考察」と題し、地方自治体がラムサール条約の示す義務等に配慮して実施する地域政策の具体像はどの様なものなのか、事例研究を中心に考究している。また、ラムサール条約湿地の保全・再生にかかる地域政策の展開過程に視点を置いて、条約の示す義務等を一種の政策指針（参照基準）とみなして、これを政策プロセスの各サイクル（Plan-Do-See）において積極的に参照、活用するなど、条約の示す義務等の実質化のために必要な措置を検討課題としている。

この措置の具体的内容は、条約の示す義務等を履行、担保する措置と、明文化された義務それ自体の内容を発展させる支援・促進的措置を検討するものであるが、第2部は次の4章構成となっている。

第5章は「条約湿地のブランド化と持続可能な利用—『ワイズユース』の定着に向けて」と題し、ラムサール条約湿地の自然環境に支えられた、地域の農産物等の特産品による地域資源ブランドづくり、具体的には、冬期湛水水田（ふゆみずたんぼ）によるブランド米づくりに焦点を当て、wise use とラムサール条約湿地ブランド化の関連について焦点をあてている。具体的には、ラムサール条約が示す wise use の概念と、地域ブランド論の本質的な意義や性格を探究し、wise use を促進していくための地域政策として、地域ブランドづくりにどのように取り組んでいったらよいのかについて考察している。

第6章は「有明海のラムサール条約登録湿地の環境保全と地域再生」と題

し、有明海のラムサール条約湿地である肥前鹿島干潟（佐賀県）、東よか干潟（佐賀県）、荒尾干潟（熊本県）を検討素材とし、湿地の環境保全と生物多様性の確保、CEPA（広報、教育、参加、啓発活動）への取り組みを中心に、登録湿地を活用した地域の再生方策について考察を試みている。

第7章は「水田と一体となったラムサール条約登録湿地の保全と活用」と題し、水田と一体となったラムサール条約登録湿地である伊豆沼・内沼（宮城県）、片野鴨池（石川県）、佐潟、瓢湖（新潟県）に焦点を当て、各登録湿地の現状把握を試みている。水田と一体となった条約登録湿地は、湖沼と周辺水田等のそれぞれが渡り鳥をはじめとする鳥類等の休息地と餌場の役割を果たすなど、湖沼と周辺水田が相互に補完しあい、水鳥をはじめとする生物多様性を支えている点で共通している。これまで、水田とその周辺の水路（水場）、ため池、里山林は、下草狩りや池干しといった、日常生活の中でおこなわれる適度なかく乱によって保たれ、生物多様性が育まれてきた。しかし、社会経済と生活様式の変化により、このバランスが崩れつつあることから、様々な地域環境問題が発現していることを確認し、私たち人間と自然（湿地）・野鳥とのかかわり方の再生が求められていることを指摘している。

第8章は「ウトナイ湖が直面する課題—環境社会学的な視点から」と題し、地球を取り巻く環境が大きな変化を念頭に、ラムサール条約湿地登録地であるウトナイ湖の変遷と鳥獣保護施策の概況、鳥インフルエンザ等への対応について、環境社会学の視点から考察している。

なお、本書では、条約の示す義務や決議、勧告等を一種の政策指針とみなし、これを政策プロセスの各サイクル（Plan-Do-See）において、積極的に参照、活用していくことを提唱していくことを予定している。このための参考資料として、条約事務局が提供する「ラムサール条約ハンドブック」の体系とタイトルを著者（林）が翻訳したものを巻末資料として添付している。

1) 地域政策学の定義は次のとおりである。
 すなわち、「A　地域政策学は、「地域」を分析対象とした複合的・学際的な総合学問である。

①地域とは中央に対置される自律的な政策単位である。

　②地域政策とは中央による画一的な政策適用ではなく、それぞれの地域による自律的な政策創出である。

　③地域政策学は、特定地域に特化した地元学ではない。獲得された学問的知見は、条件を統合することにより他地域に適用できる。

　（略）

　D　地域政策学は、純粋な理論研究や基礎科学的研究を内部に含むが、その本質は問題解決のための実践的学問である。したがって、その学問は必然的に地域の問題解決のための具体的な処方箋（＝地域政策）を導出するための応用科学的な学問志向を強く有する。」（増田他 2011, pp.10-11）。本書では、こうした視点からラムサール条約湿地を中心に、湿地保全再生政策の確立を目指すものである。

2）調査結果は国土地理院ホームページ（http://www1.gsi.go.jp/geowww/lake/）［2016 年 12 月 26 日取得］に掲載されており、以下の記述は同ホームページに掲載されている調査結果資料によった。

3）水位低下による湿地の増加は 66.27㎢、水位上昇による湿地の増加は 29.14㎢、休耕田が湿地化したことによる増加は 3.09㎢ となっている。

第 1 部

地域連携による
ラムサール条約義務の発展的実現

第1章　ラムサール条約の効果的な実施と
地方自治体の役割

1　はじめに

　条約は、一般的に締約国（中央政府）を直接の対象とするものであり、地方自治体にその義務の履行を求めるものではない。後述するとおり、ラムサール条約義務についても条文上はその名宛人を締約国としている。このことは地方自治体が条約と無関係であり、条約義務の履行に積極的に取り組む余地はないことを意味するのであろうか。

　本章では、自治体は条約義務をどの様に受け止めるべきかとの認識のもと、条約と地方自治体の関係について考察していく。この問題については、条約義務の実質化（義務の履行）に向けて、a.条約が地方自治体に期待している役割は何か、b.条約に規定される義務等を地方自治体はどこまで遵守すべきなのか、c.地方自治体が条約に規定される義務等に配慮して実施する施策の具体像はどの様なものか、などの論点が想起される。

　本章では、条約の誠実順守義務（憲法98条2項）を果たしていくための国内関係機関・主体の役割分担（権限協働）のあり方、とりわけ、地方自治体は条約の国内実施においていかなる役割を担うべきかとの課題について検討を行っていく。

　こうした課題を検討するため、まずは、条約の国内実施に関する先行研究[1]に概観を加えていく。次にラムサール条約の湿地保全義務を抽出し、同条約の示す義務等を確認、把握していく。これらの分析を踏まえ、ラムサール条約義務の実質化（義務の履行）に向けた地方自治体の役割の具体像につい

て考察していく。

2 地方自治体が条約義務の実質化に果たす役割

(1) 国内法と国際法の関係

本書における課題を検討する前段として、国際法と国内法の一般的な関係について確認しておくことにする。

国際法と国内法の関係については、国際法学上の大きな論点であった。大別すると、国際法と国内法を一元的な秩序と捉える一元論と、両者は異なる秩序だとする二元論に区分することができる。一元論には、国内法が国際法に優先するという「国内法優位の一元論」と、国際法が国内法に優先するという「国際法優位の一元論」があるとされた。また、近時では、国際法と国内法を等位だとみる「等位理論（調整理論）」が主張されている（小寺, 2004, p. 45)。

このうち等位理論とは、国際法と国内法を等位の関係におき、相互に生ずる「義務の抵触」については、調整による解決に委ねようとする立場である。国際法と国内法は、二元論の主張するように全くの無関係の独立の法体系ではなく、相互に依存・補完しあう関係にあり、各国はその国内法を国際法に適合させるなど、「義務の抵触」を調整すべき法的義務を負い、その履行は憲法の判断に委ねられている（山本, 1994, pp. 85-86)。

この等位理論は他の2つの考え方よりも現実の説明力において優れていることから、多くの支持を集めている。しかし、これらの議論は国際法と国内法の実体的な関係に差異はなく、より重要な問題は国内法と国際法の基本的な枠組みを前提にして、具体的なケースについて、国内法の局面で国際法を、また国際法の局面で国内法をどの様に斟酌するのかという問題であると指摘されている（小寺, 2004, p. 54)。本章では前者の問題を検討していきたい。

(2) 国内法における国際法の地位と役割

　国内法における国際法の地位の問題は、国際法の国内的効力（国際法は国内で法としての効力をもつのか）の問題、国内的序列（国際法は国内法の階層秩序の中でどこに位置づけられるのか）の問題、国内適用可能性（国際法は国内で直接適用されうるのか）の問題に区分されてきた（小寺・岩沢・森田編, 2010, p. 110）。

①国際法の国内的効力と国内的序列

　まずは、我が国における国際法（条約）の「国内的効力」と「国内的序列」についての学説を整理していく。この点に関して、日本国憲法第 98 条 2 項は「日本国が締結した条約及び確立された国際法規は、これを誠実に遵守することを必要とする」と定めている。

　この 98 条 2 項は、国内において国家機関や個人が国際法を遵守すべきことを定めたもの、すなわち国際法の国内的効力を認めたものと通説は理解している（酒井他 2011, p. 389）。つまり、国内的効力をもつとは、条約が憲法上の手続に従って公布されれば国内で法として妥当するとの意味である。このため、条約の内容が行政にかかわるものであれば行政法の法源としての性質を有することになる（田中 1991, pp. 58-59）。

　国内的序列（条約と憲法および法律の序列）については、日本国憲法第 98 条 2 項はこれを明らかにしていない。しかし、憲法が国際協調主義を一つの基本原則としていること、条約は国会の承認を必要とされていること（73 条 3 号）、「誠実に遵守する」という文言の含意などから、条約は法律に優先するものと解されている。また、憲法と条約の関係については、条約優位説と憲法優位説に分かれているが、後者が通説的な理解となっている（小寺・岩沢・森田編 2010, pp. 120-125、酒井他 2011, pp. 388-395）。

　しかし、こうした通説的理解に対しては、国際協調主義を条約優位の根拠とすることに疑義が呈されている[2]。

　また、高橋（2003, p. 81）は次のとおり指摘している。すなわち、通説は憲法が条約に優位する理由として、憲法改正手続が条約承認手続よりも厳重になっていることに求めており、条約が法律に優位する理由についても、条約

の締結には国会の承認が必要とされていることに求めている。しかし、効力関係を手続の厳格度とパラレルに考えるなら、条約の承認手続は法律の制定手続よりも緩和されており、従来の通説を維持するには手続的理由を乗り越えうる何らかの実質的理由が必要であるとしている。

こうした批判を踏まえて、山田（2017, pp. 455-456）は日本国憲法98条2項が前文や9条とともに、国際協調主義を規定しているとしても、そこから法律に対する類型的な優位を導くことは性急である旨を指摘している。

また、近時の有力な見解[3]は、日本国憲法98条2項は各国家機関が国内において国際規範を遵守するための行動をとる責務を宣言しているとの理解を手掛かりに、誠実遵守義務を果たすための各国家機関の間の権限協働のあり方を模索しようとする傾向にあることが指摘されている。

そこで、本章では条約の誠実順守義務（憲法98条2項）を果たしていくための条約の国内関係機関・主体の役割分担（権限協働）のあり方を検討すること、とりわけ、地方自治体は条約の国内実施においていかなる役割を担うべきかを課題とし、以下検討を行っていく。

②国内諸機関の役割分担による条約の国内実施

次に、条約の義務履行や目的実現に大きく影響を与える条約の国内実施について、国内諸機関の役割分担と関連付けながら先行研究を整理していくことにする。

ここで条約の国内実施とは、竹内（2017, p. 127）によれば、国際平面で交渉され採択・確定された条約を、a. 条約の締結及び国内法制の整備を通じて国内へ取り込み（国内受容）、b. さらに国内法制の運用により国内平面で条約の規律内容を実現するという一連のプロセスと捉えることができる[4]。

前述のとおり、我が国において条約は国内的効力を認められる。こうした性格を有する条約は、その国内実施において直接適用できるのかという問題について、直接適用可能性（direct applicability）または自動執行性（self-executing）と、間接適用あるいは国際法適合解釈という観点から議論がなされており、以下では我が国における議論を整理していく[5]。

③司法機関の役割分担

条約の直接適用可能性とは「国内においてそれ以上の措置なしに直接適用されること」と定義される（岩沢 1985, p. 291、小寺・岩沢・森田編 2010, p. 114）が、条約の直接適用可能性が主に問題となってきたのは、裁判所による適用である。

これまで、人権条約を中心に、個人が条約を根拠として国家に請求する場合や法令とその適用の違法を主張する場合などについて争われてきた[6]。

司法機関が条約などの国際法規を適用する場合には、国内の立法機関との関係が問題となる。つまり、国際法規の適用条件は、国内における権力分立のあり方と密接に関連し、国際法によってではなく各国内法によって決定される。国内裁判所において条約が直接適用可能かどうかを決定する判断基準は、先行研究においてはa. 条約当事国の意思、b. 国内立法者の意思、c. 明確性、d. 法律事項への非該当性という4つの要素が挙げられることが多い（岩沢 1985, pp. 296-320、小寺・岩沢・森田編 2010, p. 115-116、酒井他 2011, pp. 400-403）。

しかしながら、条約の適用主体や条約の適用を主張する主体は限定されていないのであり、裁判所が裁判基準として適用しうるだけでなく、行政機関が条約を行政行為の根拠として適用しうるものと解されている（岩沢 1985, p. 291、北村 2017, pp. 101-103）。

また、原田（2014, pp. 24-25, pp. 101-102）は国際法規を国内の権力分立構造からみてどの機関がどのように実現するのが適当かという問題の立て方を行う方が、国際公法・国内公法の双方のアプローチがしやすいものと思われると指摘している。

④立法機関の役割分担

本書は地方自治体における国際的政策基準（条約の示す義務等）の実現を検討課題としているが、以下では立法機関、行政機関と条約の国内実施との関係の観点から、先行研究を整理していくことにする。

条約の要求する義務や国内措置の履行を国内的にどう担保していくのかという問題は、立法機関と関係し、立法政策、つまり条約を含めた国内法の整

理統合という立法技術の妥当性の問題となる。

　我が国の条約の国内実施に関する立法政策について、実務の立場からの先行研究（谷内1991, pp. 113-115）は次のとおりこれを要約しつつ、いかなる条約の規定が自動執行力を有するか否かは必ずしも明確でないこと、条約の国内法上の担保措置については「念には念を入れ」式の発想が強いことを指摘している。

　A．自動執行力のある条約

　　ア　原則として立法化の必要がない

　　イ　関係国内法との文言の相違、関連省令等との関係で妥当と考えられる場合は国内法を新規に制定又は改廃することがある（理論的には、条約が国内法に優先するので問題ないと考えられるが、法体系の統一性及び法的安定性を維持するためにかかる考え方がとられている）。

　B．自動執行力のない条約

　　ア　当該条約の実施を担保する国内法令が無い場合は、新規立法の必要がある。

　　イ　当該条約の内容と矛盾する国内法令がある場合はこれを改廃する。

　　ウ　既存の国内法令によって条約の内容がすでに実現されているか、又は実現され得る場合は立法化の必要がない（ただし、かかる法令の維持義務が生じる）。

　また、我が国においては、どのような条約を締結するにせよ、担保法が完全に整備されていることを確保するよう努め、その担保法の運用を通じて条約の実施を図るという完全担保主義という考え方が実務上とられているとの指摘もある（松田, 2011）。

　例えば、我が国においては、ワシントン条約の国内実施法として「絶滅のおそれのある野生動植物の種の保存に関する法律」（種の保存法）が整備され、生物多様性条約の国内措置として生物多様性基本法[7]が整備され、さらにはカルタヘナ議定書の円滑な実施を目的とした「遺伝子組換え生物等の使用等の規制による生物の多様性の確保に関する法律」（カルタヘナ法）が整備され

るなどしている。

⑤行政機関の役割分担

こうした立法を中心とする国内措置に基づき、条約とその国内担保法の規律内容を実現する段階において中心的役割を果たすのが行政機関である。この段階では国内担保法の執行や関連政策の立案、実施が中心となるが、条約の国内実施と行政機関との関係をどの様なものとして考えるべきであろうか。

先行研究は条約と司法審査や立法政策との関係を中心にこれまで議論してきたが、行政機関との関係については未解明の課題が多く存在しているように思われる。

国際法が国内で果たす役割には、直接適用可能でないとしても、間接適用あるいは国際法適合解釈と呼ばれる国内適用形態のあることが指摘されている。これは「国内実施の過程において、国内で裁判所や行政庁が国際法を国内法の解釈基準として参照し、国内法を国際法に適合するよう解釈する」ものである（小寺・岩沢・森田編 2010, p. 116、酒井他 pp. 403-405）。

具体的には、国内裁判所等が国内法を解釈するにあたって、その指針、基準、補強材料として条約を援用するものであり[8]、これにより条約目的の実現を図ろうとするものである。

本章では、行政機関が直接または間接的に行政活動（政策形成）の根拠として条約を適用、活用しうるものとの見解を手掛かりに、誠実遵守義務を果たすための権限協働のあり方、とりわけ、地方自治体は条約の国内実施においていかなる役割を担うべきかとの課題について、次節において考察していくものとする。

(3) 地方自治体が条約の国内実施に果たす役割

①環境条約の特性と義務の履行措置

本書は、ラムサール条約を検討対象としているが、同条約をはじめ環境問題に適用される国際法（環境条約）の特色として、枠組条約の成立形式をとることがあげられる。

枠組条約（framework conventions）とは、条約自体には当該条約の目的とする環境保全に関する枠組み的な義務とそのための国際協力、締約国会議、事務局等からなる実施の仕組みなどを定め、附属書や議定書によって具体的な規制の方式や基準等を設定する条約の形式である（松井 2010, p. 36）。

松井（2010, p. 36）によれば、こうした条約形式は、環境保全の目的一般については合意しても、具体的な規制措置について相対立する諸国に、まず出発点として一般的義務を受諾させることを可能とするとともに、科学的知見や対処技術の発展に伴いより明確かつ厳格な基準の導入を可能とするのである。

つまり、自然環境に関する条約においては、自然生態系が地域によって固有性、特殊性を有しており、人間社会との関係性によって必要な国内措置が異なることから、統一的な規制基準や保全措置などは条約本文に定められていないことが多く、科学的知見や対処技術の発展に伴い、附属書等を活用して、ガイドラインの提示やより明確かつ厳格な基準の導入を可能とすることから枠組条約の形式が活用されているのである。

このため、環境条約においては、条文に定められている義務を遵守するだけでは不十分であり、実効的な環境保護を実現していくため、条約の目的や中核的理念さらには背景、精神に沿った結果が得られるよう、条約の「効果的な実施」を促進することが求められている（磯崎 1996, p. 202）。

各国の条約義務の履行を促すため、これまで様々な手法[9]が用いられてきた。本書では、条約本文の示す義務規定に加え、締約国会議等において蓄積されてきた、条約の解釈や奨励としての勧告的性質をもつ決議、勧告、指針、原則宣言、基準等を「条約の示す義務等」と定義している。

次節では、こうした条約の示す義務等を地方自治体が政策プロセスの各サイクルにおいて積極的に活用していくための前段として、地方公共団体が条約の国内実施に果たす役割について検討していく。

②地方自治体が条約義務の実質化に果たす役割

条約とは「国の間において文書の形式により締結され、国際法によって規

律される国際的な合意」と定義される[10]。こうした条約の基本的な性質から、条約の示す義務等の活用や配慮行動の多くは、国（中央政府）に対して求められているものとみなされてきた。

確かに、国際平面で交渉され採択・確定された条約の締結、国内法制の整備を通じて国内へ取り込み（国内受容）、具体的紛争が生じた場合の司法機関による裁判は、第一次的に国（中央政府）の役割となる。

しかし、各機関・主体の間の権限協働により、条約の誠実順守義務を実現していくという観点から考えた場合、地方自治体の担う役割は国内担保法の適用を行うことにとどまるのであろうか。

地方自治法は地方公共団体の存立目的と役割について、「住民の福祉の増進を図ることを基本として、地域における行政を自主的かつ総合的に実施する役割を広く担うものとする」（第1条の2）と規定している。

この規定の意味は、地方自治体が地域的な性格を有する行政を担う主体であること、関連する行政の間の調和と調整を確保するという総合性と、特定の行政における企画、立案、選択、調整、管理・執行などを一貫して行うという総合性の両面の総合性を意味するものと解されている（松本 2017, p. 14）。

ここで「総合行政」という見方について、本書の考えを補足しておくと、自治体が自らの判断と責任で地域における行政を計画し実施することができること（自主的）、しかも、その行政を「バラバラ」にではなく、関係づけて一体的に実施する（総合的）という意味で捉えている。これまで市町村合併の前提的な考え方となってきた、基礎自治体ならば、住民に必要なひとそろいの行政事務があって、それを自分の区域で全てやらなければならない、そのためには、一定の行政体制を備えていなければならないという、いわゆるフルセット主義での「総合行政」ではない。

本書の検討対象とするラムサール条約湿地は様々なタイプのものが存在し、その生態系は地域によって固有性、特殊性を有している。また、そこにおいて発現している諸課題についても地域社会との関係性によるものであるなど、地域的な性格を有する。この対処策として必要な措置（地域政策）は

即地的、臨床的になされる必要があり、地域行政の主体である地方自治体の役割は極めて重要である。

本書の検討課題は、政策プロセスの各サイクルにおいて、どのように「条約の示す義務等」を活用、実現、担保していくのかという点にある。具体的には、条約を国内的実現（実施）していく上で課題となる、環境保護に関する国際条約の「義務履行の確保問題＝条約義務履行の実質化問題」（龍澤・米田, 2003, p. 47）を検討していくものである。「実質化」とは明文化された義務を「遵守」するだけではなく、当該条約の目的や精神からみて、明文化された義務それ自体の内容を発展させる「支援・促進的措置」を併せて講ずることにより、その義務が履行されたとする考え方である。換言すれば、明文化された義務の「遵守」と「支援・促進的措置の設定と行使」が統合、協働することにより「実質化」が図られるのである。（龍澤・米田, 2003, pp. 48-50）。

こうした見解を念頭に地方自治体の果たすべき役割を考察すると、地方自治体は地域固有の湿地とその生態系の保全、さらには発現している課題の解決に向けて国内法制の適切な運用を担うことが期待される。

しかし、これに留まらず「法を政策実現のための手段ととらえ、政策実現のためにどのような立法や法執行が求められるかを検討する、実務及び理論における取り組み」を考える政策法務の観点（礒崎 2012, p. 3）から考えた場合、次の点についても地方自治体が担うべき重要な役割といえよう。

すなわち、地域における行政の自主的かつ総合的実施主体として、条例や各種行政計画を活用するなどにより、条約義務それ自体の内容を発展させる支援・促進的措置を中核とする地域政策を構想し、地域固有の課題の解決を図っていくことが期待されているといえよう。

また、地方自治体は地球社会や国家と地元をつなぐ位置にあるため、地域の住民や企業やNPO、NGOの参加を促進し、連携を図る重要な役割を果たしえる（礒崎 1996, p. 240-241）のである。つまり、地方自治体は地域の諸主体の結節点となるなど、地域連携により条約の示す義務等を実現していく役割を果たすことが期待されているのである。

③本書の検討課題とその位置づけ

条約と地方自治体の関係についての代表的な先行研究は日本都市センター（2007）である[11]。同報告書は、国際条約と自治体との関係について、理論的考察や現状把握を行い、国際条約と自治体との関係を考えるにあたっては、a.国際条約が自治体を対象としているか否かの判断基準、b.国際条約を履行するために国内法の整備が必要な場合と必要でない場合の判断基準、c.国内法がない場合、自治体が直接国際条約を根拠として責任を負うことになるか否かの判断基準について、今後更なる検討が必要であることを指摘している。

また、北村（2013, p. 9）は、環境条約の国内実施措置として地方自治体の条例・規則等を考えることができるとしつつも、地方自治体として条約の実施にどのように関与するかという点については十分な議論がないと指摘している。

本書はこれらの先行研究と問題意識を共有しているものの、条約の示す義務等を一種の政策指針とみなし、これを企画、立案から個別具体の執行、評価から構成される政策プロセスの各サイクル（Plan-Do-See）において、積極的に参照、活用していくことを提唱し、そのための基礎的な検討を行うものである。

条約の示す義務等を政策プロセスの各サイクル（Plan-Do-See）において積極的に参照、活用することは、条約の義務の実質化を効果的に実現する上で様々な効果が期待できる。

例えば、地方自治体レベルでは、条約機関の専門的検討を経た、条約の示す義務等を参照することにより、これまで問題として受け止められなかった状況を問題視する効果をもつであろう。また、NPO・NGOなどのステークホルダーにおいては、自らの主張の裏付けとして活用されるなど、政策提言（advocacy）による新たな政策の形成や政策の変容が期待されるところである。

3　ラムサール条約の効果的な実施と地方自治体の役割

(1)　湿地の意義とその役割

　本章では以上の先行研究に基づいて、地方自治体がラムサール条約の効果的な実施に果たす役割について検討していくものであるが、その前段として湿地の意義とその役割、条約の示す湿地保全義務等について、概観を加えていく。

①条約の適用（保護）対象とする湿地

　検討素材とするラムサール条約は、1971（昭和46）年2月2日、イランのラムサールにおいて採択され、1975（昭和50）年に発効した多数国間自然保護条約である。

　同条約は、水鳥の生息地等として国際的に重要な湿地及びそこに生息する動植物の保全と湿地の賢明な利用を促進することを目的とするが、課題の検討に先立って、条約の適用（保護）対象とする湿地の定義とその価値について確認していく。

　条約第1条1は、「湿地とは、天然のものであるか人工のものであるか、永続的なものであるか一時的なものであるかを問わず、更には水が滞っているか流れているか、淡水であるか汽水であるか鹹水（海水）であるかを問わず、沼沢地、湿原、泥炭地又は水域をいい、低潮時における水深が6メートルを超えない海域を含む」（条約第1条1）と定義している[12]。

　これには湿原、湖沼、ダム湖、河川、ため池、湧水地、水田、遊水池、地下水系、塩性湿地、マングローブ林、干潟、藻場、サンゴ礁など様々なタイプの水辺空間が含まれることとなる[13]。より具体的な湿地の分類については、第8回条約締約国会議（2002年）の決議Ⅷ.13添付文書Ⅰ（ラムサール条約湿地分類）において枠組みが提示されており、海洋沿岸域湿地、内陸湿地、人工湿地に大別されている。

②湿地の有する価値の確認

　我が国のラムサール条約湿地は、2017（平成29）年3月現在、50を数えるが、各地域の個性を反映した多種多様な形態の湿地生態系が形作られ、渡り性水鳥をはじめとする様々な野生生物の生息地となるなど、各地域の生物多様性を支えている。

　こうした湿地の特徴や価値とは、どの様なものとしてとらえるべきであろうか。ラムサール条約前文はこの点に関して「湿地が経済上、文化上、科学上及びレクリエーション上大きな価値を有する資源であること」を指摘している。より具体的には湿地の持つ価値として、畠山（2004, pp. 193-194）は次の4点を指摘している。

　第1は、湿地の水文学的役割である。湿地は、冠水することで洪水時の流量を減少させ、財産や耕地を保護している。水をためることで河川や湖沼の水位を安定させ、乾期には魚類の生息地となる他、地下水位を維持することで樹木や穀物の成長を助けている。

　第2は、湿地の生化学的な価値である。湿地は栄養分を貯蔵し、溶解物質・腐敗物質を生産することで物質を循環させ、樹木の生育、魚介類の生息を助けている他、泥炭地等には溶解物質・汚染物質・病原菌などの有害物質の河川・湖沼への流入を減少させ、水質を浄化する機能がある。

　第3に、湿地は、絶滅危惧種、希少種を含む多数の生物の生息・生育地となり、地域にとって特色のある生態系を形成している。脊椎・無脊椎動物にも豊かな生育環境を提供し、生物多様性保護にも寄与している。また、水鳥・狩猟鳥のハンティングなどレクリエーションの場も提供している。

　第4は、湿地のもつ社会的・文化的な価値であり、その効用や経済的価値を超えて、自然の永遠の歩みを考えさせる稀有な場である。

　以上のとおり、湿地は水鳥の生息地としての役割を果たすだけでなく、広く生態系サービスを供給する役割を果たしているのである。湿地における生態系サービスの全体像は図1―1のとおり整理することができる。

　ラムサール条約はこうした価値をもつ湿地の保全と「湿地の賢明な利用

30   第1部　地域連携によるラムサール条約義務の発展的実現

図1—1　湿地における生態系サービスの類型と例

供給サービス	調整サービス	調整サービス
湿地生態系から得られる次のような生産物：	湿地生態系プロセスの調整機能から得られる次のような恩恵：	湿地生態系から得られる物質的ならびに非物質的な次のような恩恵：
・食物 ［魚類、鳥獣、果実、穀類などの生産］	・気候調整 ［温室効果ガスの発生と吸収、湿地周辺やその地方における温度や降雨などの気象過程への影響］	・精神的、霊的 ［霊感の源、種々の信仰における精神的信仰的価値］
・淡水 ［飲用生活用水、産業用水、農業用水の貯留と保持］	・水の調整（水流） ［地下水の涵養と排水］	・レクリエーション ［余暇活動の機会の提供］
・繊維と燃料 ［木材や薪、泥炭、飼料の生産］	・水の浄化と排水処理 ［過剰な栄養やその他汚染物質の固定、回収、除去］	・美的 ［多くの人が見出す湿地生態系にある美や美的価値］
・生化学的生産物 ［生物相からの薬用物質などの抽出］	・侵食の調整 ［土壌や堆積物の保持］	・教育 ［公教育その他の教育や研究の機会の提供］
・遺伝資源 ［植物の病原体への抵抗性遺伝子や、観賞植物など］	・自然の危険の調整 ［洪水の制御や暴風からの保護］	・歴史的遺物 ・伝統的生活様式と知識
	・花粉媒介 ［花粉媒介生物の生育環境］	
支持サービス		
他の生態系サービスを生み出すために必要なサービス		
・土壌生成 ［堆積物の保持や有機物の蓄積］	・一次生産	・栄養循環 ［栄養塩類の貯留、再循環、加工、獲得］

出典）琵琶湖ラムサール研究会 HP（http://www.biwa.ne.jp/~nio/ramsar/ovwise1.htm）を部分修正

(wise use of wetlands)」を促進しようとするのである[14]。同条約は湿地における人間活動を排除しておらず、湿地とそこに生活する住民の多様なかかわりを尊重すべきものとしている（畠山 2004, p. 202）。

　湿地の賢明な利用の概念は「生態系の自然特性を変化させないような方法で、人が湿地を持続的に利用すること」と、初期においては定義されていた（勧告Ⅲ.3 附属書）。

　その後、第9回締約国会議（2005年）において、国連の「ミレニアム生態

系評価」や、生物多様性条約が適用している生態系アプローチと持続可能な利用の概念、そして、1987（昭和62）年の「ブルントラント委員会」で採択された持続可能な開発の定義が考慮され、「湿地の賢明な利用とは、持続可能な開発の考え方に立って、エコシステムアプローチの実施を通じて、その生態学的特徴の維持を達成すること」との新たな定義がなされている[15]（決議Ⅸ.1付属書A）。

地方自治体が条約に想定される義務等に基づいて実施する地域政策の展開にあたっては、この湿地の賢明な利用を念頭に置く必要がある。また、湿地の各種生態系サービスの利用にあたっても、林（2016）が指摘するとおり、湿地の生態学的特徴、つまり、ある時点において湿地を特徴付ける生態系の構成要素、プロセス、そして恩恵（人々が生態系から受け取る恩恵）ないしはサービスの複合体に対して、人為による否定的な変化をもたらさない方法や速度による、湿地の持続可能な利用についてのみ容認している点に留意されなければならないのである。

(2) 締約国の湿地保全義務

ラムサール条約は条約の前文及び12条の規定から構成されている。条約条文の示す義務のうち、締約国の「湿地の保全」に関する義務[16]を抽出していくと次のとおりとなる。

①湿地の登録義務

締約国は、生態学上、植物学上、動物学上、湖沼学上又は水文学上の国際的重要性の観点から湿地を登録すること（条約第2条1、2）。

②湿地保全管理計画の作成、実施義務

「締約国は、登録簿に掲げられている湿地の保全を促進し及びその領域内の湿地をできる限り適正に利用することを促進するため、計画を作成し、実施する」こと（条約第3条1）。

③湿地の自然保護区の設定とモニタリング等の義務

「各締約国は、湿地が登録簿に掲げられているかどうかにかかわらず、湿

地に自然保護区を設けることにより湿地及び水鳥の保全を促進し、かつ、その自然保護区の監視を十分に行う」こと（条約第4条1）。

「締約国は、湿地の管理により、適当な湿地における水鳥の数を増加させるよう努める」こと（条約第4条4）、また、「締約国は、湿地の研究、管理及び監視について能力を有する者の訓練を促進する」こと（条約第4条5）。

「各締約国は、（略）登録簿に掲げられている湿地の生態学的特徴の変化をできる限り早期に入手することができるような措置をとること」、また、これらの変化に関する情報は、条約事務局に通報すること（条約第3条2）。

④湿地の開発に伴う代替措置を講ずる義務

「締約国は、登録簿に掲げられている湿地の区域を緊急な国家的利益のために廃止し又は縮小する場合には、できる限り湿地資源の喪失を補うべきであり、特に、同一の又は他の地域において水鳥の従前の生息地に相当する生息地を維持するために、新たな自然保護区を創設すべきである」こと（条約第4条2）。

(3) 条約の効果的な実施のための措置

以上が、湿地保全に関する締約国の義務であるが、どのような湿地を、どの程度、どのような計画、法制度により保護、モニタリングするのか、保全に向けた具体的政策をどの様なものとすべきかについては、全て締約国の自主的判断に任されている（畠山2004, pp. 200-201）。

しかし、ラムサール条約ではこれまでの締約国会議で採択された勧告（Recommendation）と決議（Resolution）が多数蓄積されており、自国内の湿地保全について全くの白紙状態で締約国の自由裁量に委ねられているわけではない。

これらの勧告や決議の内容は、条約の解釈や適用、条約上の義務の履行にあたって踏まえなければならない指針（ガイドライン）や手引き（ガイダンス）などの技術的事項が含まれており、締約国や湿地の保全にかかる関係する者に対して参照、活用することが推奨されている[17]。

また、ラムサール条約（条約第6条3）は締約国会議の勧告について、湿地管理責任者に対して、通知を受け、当該勧告を考慮に入れることを求めている。条文上は勧告の考慮を求めているが、条文に明記されていない決議についても同様の取扱いが求められると考えられる[18]。

具体的な勧告や決議の参考例は表1―2のとおりである。これは第9回締約国会議（2005（平成17）年：ウガンダ・カンパネラ）において、賢明な利用の概念を実施するための科学的・技術的な追加手引として採択されたものである。いずれも条約の目標達成や条約義務の実質化を効果的に実現する手段として重要な働きをしている。

表1―2　ラムサール条約締約国会議の決議等の例

決議Ⅸ．1　ラムサール条約の賢明な利用の概念を実施するための科学的・技術的な追加手引き
付属書A　湿地の賢明な利用及びその生態学的特徴を維持するための概念的枠組み
付属書B　「国際的に重要な湿地のリストを将来的に拡充するための戦略的枠組み及びガイドライン」の改正
付属書C　ラムサール条約の水関連の手引きの統合的枠組み
　付属書Ci　河川流域管理：追加手引き及びケーススタディ-分析のための枠組み
　付属書Cⅱ　湿地の生態学的特徴を維持するための地下水管理に関するガイドライン
付属書D　ラムサール条約の履行効果を評価する「成果指向」の生態学的指標
付属書E　湿地目録、評価及びモニタリングの統合的枠組み（IF-WIAM）
　付属書Ei　内陸及び沿岸海洋域湿地における生物多様性の迅速評価のためのガイドライン

出典）環境省HP（http://www.env.go.jp/nature/ramsar/09/index.html）掲載資料によった。

こうした決議、勧告、指針、手引きなど様々なツールを各締約国が活用できるよう、ラムサール条約事務局は各主題別にとりまとめた「ラムサール条約ハンドブック（Ramsar Handbooks)」（全20巻）を発行している。この体系及び各巻タイトル及び目次は巻末資料のとおりである。

現在公表されている最新版は2010（平成22）年公表された第4版であり、第10回締約国会議（2008（平成20）年）までに採択された手引きや決議等が背景文書や解説とともに採録されており、条約の義務等を履行、実現する上で大変有用な情報源となっている。

勧告や決議は条文解釈の提示や基準・ガイドラインの設定等を担っている

が、これらの性格はいかなるものと認識すべきであろうか。

ラムサール条約の勧告、決議については、締約国に対する法的拘束力をもたないと解されているが、国内法における政令や告示と同様に、効果的な実施を確保するための、すぐれて行政的な機能を果たしているとの指摘がある（磯崎 1996, pp. 211-213）。

本書では条約の示す義務等を政策指針の一種とみなして、これを政策プロセスの各サイクル（Plan-Do-See）において、積極的に参照、活用していくことが有用であり、地域政策の実務において活用されていくことを推奨したい。この「条約の示す義務等」の定義については前述したとおりであるが、ラムサール条約においては条文が規定する湿地保全義務に加え、これらの勧告、決議、付属書がこれに該当し、その全体像をなすものである。

(4) ラムサール条約義務の実質化に向けた地方自治体の役割

条約は、締約国を直接の対象とするものであり、地方自治体にその義務の履行を求めるものではない。前述のとおりラムサール条約義務についてもその名宛人を締約国としている。しかし、このことは地方自治体が条約と無関係であることを意味しない。

むしろ、渋谷（2007, p. 238）は、地方自治体が条例制定をはじめ、もろもろの施策を構築・実施する際に、国際条約をはじめとする国際法との関係を意識せざるをえない段階にすでに足を踏み入れているということは確かであると指摘している。

そこで、ラムサール条約義務の実質化に向けた地方自治体の役割について、本章のまとめとして考察していく。

我が国におけるラムサール条約の国内担保法は、湿地とその生態系の保全を直接の目的とする法制度がないため、湿地の存在する土地の性格により担保法が異なっている（この点に関しては第2章を参照）。例えば、国立公園や鳥獣保護区の中の湿地は自然公園法や鳥獣保護管理法により、河川湿地は河川法により、海岸湿地は海岸法や港湾法などにより、都市近郊の湿地は都市計

画法などにより、農業地帯の湿地は農地法により、それぞれ湿地の保全管理が行われている。これらのなかでも鳥獣保護管理法と自然公園法がその中心となっている（林・佐藤, 2014）。

　こうした法制度の整備については国の役割となるが、地方自治体は国と比較して、行政分野を横断して政策の立案や実施が可能な立場にある。

　すなわち、地方自治体は地域における行政の自主的かつ総合的実施主体として、地域固有の湿地とその生態系の保全、さらには発現している地域的課題の解決に向け、国内担保法と関連法制の適切な運用を行うことや、法令の空白領域を適宜補充していくことにより、湿地とその生態系の管理、保全、再生に係る地域政策を効果的に実施していくことが期待されている。

　また、前述のとおり、ラムサール条約は湿地保全管理計画の策定と計画の実施義務（条約3条1）と湿地の保護区の設定、モニタリング義務を定めている（条約4条1）。これらの義務を履行するためには、各湿地が存在する地方自治体の計画策定や実施措置が不可欠となる。

　この際、地方自治体は、独自条例や各種行政計画を活用するなどにより、地域固有の課題解決策と、条約に明文化された義務それ自体の内容を発展させる支援・促進的措置とを中核とする地域政策を構想し、実施することにより、条約義務の実質化を図ることが期待されているといえよう。

4　おわりに

　本章は、条約の誠実順守義務（憲法98条2項）を果たしていくための条約の国内関係機関・主体の役割分担（権限協働）のあり方、とりわけ、地方自治体は条約の国内実施においていかなる役割を担うべきかとの課題について理論的な検討を行い、ラムサール条約義務の実質化を中心にその具体像を検討した。また、条約の示す義務等を一種の政策指針とみなし、これを政策プロセスの各サイクル（Plan-Do-See）において、積極的に参照、活用していくことを提唱したところである。

36 第 1 部　地域連携によるラムサール条約義務の発展的実現

　今後に残された課題としては、地方自治体がラムサール条約の示す義務等
に配慮して実施する地域政策の具体像はどの様なものなのか、事例研究を中
心に考究していくことにある。
　また、この前提としてラムサール条約の決議、勧告さらにはラムサール条
約ハンドブックについては、これまで必ずしも体系的な研究がなされていな
いように思われる。本書ではこの準備作業として、条約事務局が提供する
「ラムサール条約ハンドブック」の体系に係る翻訳資料を巻末に添付した。
こうした基礎研究に取り組むことにより、地域政策の実務の参考情報として
提供していくことも必要となろう。

1)　環境条約の国内実施に関する先行研究としては北村（2013）がある。ラムサール条
　　約の国内実施に関する先行研究は菰田（2005）、中央学院大学社会システム研究所
　　（2003）、遠井（2013）がある。
2)　清宮（1979, p. 451-452）は憲法の根本規範的条項以外の条項について、憲法の国
　　際協調主義から直ちに条約の同位又は優位を導き出すことは無理があると指摘して
　　いる。また、条約優位説を批判する文脈であるが、阪本（2000, p. 98）は国際協調
　　主義という抽象的な大原則から結論を出そうとする性急さが見られ、精密な議論と
　　はいい難いと批判している。
3)　こうした見解をとるものとして中川（2012）、竹内（2017, pp. 126-127）などがある。
4)　北村（2013, pp. 8-9）は、国内実施の認識枠組みとして、a.条約の定立、b.成立し
　　た条約の国内法への編入、c.整備された国内法令の執行、d.条約にもとづき国際的
　　平面においてなされる国内実施状況の監督という。連続して展開される法過程の全
　　体を 4 段階モデルとして整理している。
5)　自動執行性の概念については、2 つの異なる意味で用いられている。第 1 は、条約
　　の国内実施のため概念であり、条約を締結したときに、実施のために国内立法が必
　　要だと考える場合と、条約のまま実施が可能なために国内立法が必要ではないと考
　　える場合とがあり、後者の実施立法が不要とする条約が「自動執行性をもつ条約」
　　と呼ばれる。第 2 は、条約を裁判所が適用される際の概念であり、国内裁判所が独
　　立した裁判基準として条約を用いることの条約が、第 2 の意味での「自動執行性を
　　もつ条約」と呼ばれる。この第 2 の意味での自動執行性に代えて直接適用可能性の
　　概念を用いるべきとの主張（岩沢 1985, p. 284）も有力になされており、直接適用可
　　能性、自動執行性の用語については、論者によって採否が異なっている（小寺 2004,
　　pp. 55-56、酒井他 2011, pp. 386-387）。
6)　直接適用に関する裁判例及びその判断基準に関する最近の研究としては、北村
　　（2017）がある。
7)　わが国は 1993（平成 5）年に生物多様性条約を締結したが、環境基本法では「生態
　　系の多様性の確保、野生生物の種の保存その他の生物の多様性の確保」を基本的施
　　策の 1 つに位置づけていた。この時点で政府は、既存の複数の法律を組み合わせる

ことで生物多様性が確保され、生物多様性条約を批准する要件を十分に満たしているとし、新法制定が検討されなかった。これに対し鳥獣保護法（鳥獣保護管理法）、種の保存法 、外来生物法などで野生生物の保護はなされているが、法律の保護対象から漏れている野生生物が多いという指摘や議論も多く存在し、その指摘や議論を踏まえて、生物多様性の確保に特化した法律として2008（平成20）年に「生物多様性基本法」が議員立法により制定された経緯があることが知られている（http://tenbou.nies.go.jp/policy/description/0120.html）［2017. 10. 5取得］。こうした問題点から推察される研究課題として、条約義務と国内担保法の対応関係（ギャップ）を確認していく必要があるといえよう。

8) 間接適用については岩沢（1985, pp. 333-334）を参照。国際法適合解釈については酒井他（2011, pp. 403-405）を参照。

9) 環境条約によって異なるが、報告・通報、検討・審査、監視・査察、協議、条文解釈の提示、基準やガイドラインの設定、条約よりも厳しい国内措置の奨励、下部組織の設定、基本政策・国家計画の策定、政策措置の特定、技術・財政支援、費用負担メカニズム、基金の設定、NGOの関与と協力、情報公開、国際世論による監視と批判など、各国の条約義務の履行を促し、各国の行動を監視するための様々な手法がとられている。

10) 条約法に関するウィーン条約第2条1（a）を参照。

11) その他の先行研究としては、国際化が行政法に与える影響を分析し、法律に基づく行政庁の裁量権を行使するにあたって、国際法や国際制度に淵源する規範等は十分に考慮されるべきであり、このような考慮を加えることは他事考慮にあたらないとするもの（成田, 1990）や、国際法と条例制定権の関係について考察を行うもの（渋谷, 2007）、条約による国（中央政府）への義務付けと地方自治の関係を分析するもの（斎藤, 2011）などがある。

12) この他には、国際的に重要な湿地として登録する区域として「特に、水鳥の生息地として重要である場合には、水辺及び沿岸の地帯であつて湿地に隣接するもの並びに島又は低潮時における水深が6メートルを超える海域であつて湿地に囲まれているものを含めることができる」（条約第2条1）としており、広く水辺空間がその対象となっている。

13) 具体的な湿地の分類については、第8回条約締約国会議（2002年）の決議Ⅷ.13添付文書Ⅰ（ラムサール条約湿地分類）において枠組みが提示されており、海洋沿岸域湿地、内陸湿地、人工湿地に大別されている。

14) 公定訳では「湿地の適切な利用」であるが、本書では「湿地の賢明な利用」とする。なおこの概念は、条約2条6項、3条1項、6条2項（d）、6条3項に登場する。

15) 原文は次のとおり "Wise use of wetlands is the maintenance of their ecological character, achieved through the implementation ecosystem approaches, within the context of sustainable development."。なお、本書で引用したラムサール条約本文、関係の勧告、決議の和訳は、環境省ホームページ（http://www.env.go.jp/nature/ramsar/conv/）［2016. 9. 26取得］掲載のものによっている。

16) Matthews（1993, pp. 116-118）は締約国になることによって生ずる義務について、湿地の保全、湿地保全における国際協力の推進、湿地保全に関する広報活動の奨励、条約義務の支持に大別しているが、本書では湿地の保全についてのみ取り上げる。

17) 例えば、決議書Ⅸ.21の13では「締約国に対して、総合的・統合的なアプローチの開発に寄与するために、湿地保全管理計画だけでなく湿地政策及び湿地戦略にも

文化的価値に関する事項を組み入れることを、またその成果を広めることを重ねて奨励する」としている。

18) 第1回締約国会議（1980（昭和55）年）から第7回締約国会議（1999（平成11）年）までの間は、勧告（Recommendation）と決議（Resolution）の表記がそれぞれ使われてきたが。その後、第8回締約国会議（2002（平成14）年）以降は決議（Resolution）のみ使用されている。

第2章　ラムサール条約の観点から見た
日本の湿地政策の課題

1　はじめに

　本章では、ラムサール条約の理念や締約国会議における決議等からみた、日本の湿地政策の現状と課題について検討を加えていく。後述するとおり、我が国において条約の国内実施の基盤となっているのは鳥獣保護管理法と自然公園法による保護・規制措置であり、これらに概観を加え、その問題点を明らかにしていく。この分析を踏まえ、条約の国内実施を行う上での法・政策面の課題となる新たな湿地保護法制のあり方を中心に検討していくことにする。

2　ラムサール条約からみた日本の湿地政策の課題

(1) 日本におけるラムサール条約への取組み状況

　我が国は、1980（昭和55）年に条約に加盟し、国内最初のラムサール条約登録湿地として釧路湿原を登録した。その後、1993年（平成5）年に釧路市で第5回締約国会議が開かれたことを契機とし、同条約が広く認知され、2005（平成17）年には20カ所が条約湿地として一括登録している。その後、湿原、湖沼、干潟など様々なタイプの湿地を条約湿地として登録してきており、2017（平成29）年3月2日現在、50ヶ所、14万8,002ha に及んでいる。

　菊池（2013）は、日本政府のラムサール条約への対応について、時系列的に丹念な分析を加え、政策決定過程の特徴とスタンスを明らかにしている。

40 第1部 水循環の保全再生に関する計画の管理・評価のあり方

菊地によれば、日本はそもそも条約交渉に参加しておらず、政府として関心を持ちあわせていない状況から始まり、条約締結に向けた民間団体の積極的創発と政治的判断を受けて検討作業を開始するという受動的な態度であったことを指摘し、湿地登録と担保措置についても既存法令に基づく最小限度の対応を志向する消極的なものであったと結論付けている（菊池 2013, p. 67）。

　こうした我が国特有の背景から、湿地保護法制を持つ諸外国とは異なり、我が国では条約の国内実施措置として湿地固有の法制度を有していない状況にある。

(2) 条約登録湿地選定のための国際的基準と日本の指定要件

　ラムサール条約締約国は、様々なタイプの湿地のうちから、「国際的に重要な湿地」を指定し、指定された湿地は、国際的に重要な湿地に係る登録簿に記載される（条約第2条第1項）。

表2—1　ラムサール条約湿地の国際登録基準

○基準グループA　代表的、希少または固有な湿地タイプを含む湿地
　基準1：特定の生物地理区を代表するタイプの湿地、又は希少なタイプの湿地
○基準グループB　生物多様性の保全のために国際的に重要な湿地
種及び生態学的群集に基づく基準
　基準2：絶滅のおそれのある種や群集を支えている湿地
　基準3：特定の生物地理区における生物多様性の維持に重要な動植物を支えている湿地
　基準4：動植物のライフサイクルの重要な段階を支えている湿地。または悪条件の期間中に動植物の避難場所となる湿地
水鳥に基づく特定基準
　基準5：定期的に2万羽以上の水鳥を支える湿地
　基準6：水鳥の1種または1亜種の個体群で、個体数の1%以上を定期的に支えている湿地
魚類に基づく特定基準
　基準7：固有な魚類の亜種、種、科の相当な割合を支えている湿地。また湿地というものの価値を代表するような、魚類の生活史の諸段階や、種間相互作用、個体群を支え、それによって世界の生物多様性に貢献するような湿地
　基準8：魚類の食物源、産卵場、稚魚の生息場として重要な湿地。あるいは湿地内外における漁業資源の重要な回遊経路となっている湿地
他の種群に基づく個別基準
　基準9：湿地に依存する鳥類に分類されない動物の種及び亜種の個体群で、その個体群の1パーセントを定期的に支えている湿地

出典）環境省HP（http://www.env.go.jp/nature/ramsar/conv/2-1.html）掲載資料に著者加筆

この際、「生態学上、植物学上、動物学上、湖沼学上又は水文学上の国際的重要性に従って」選定されるべきであることの他、「水鳥にとっていずれの季節においても国際的に重要」という基準が示されている（条約第2条第2項）。

この「国際的に重要（国際的重要性）」を判断するための基準として、「国際的に重要な湿地の選定基準及びガイドライン」（決議Ⅷ.13付属書2）が定められている。具体的には、9つの国際登録基準（表2—1）が示されている。

これらの基準はラムサール条約第2条第1項の実施のガイドラインとなるものであるが、代表的、希少または固有な湿地タイプを含む湿地（基準グループA）と、生物多様性の保全のために国際的に重要な湿地（基準グループB）に大別される。また、基準グループBは、種及び生態学的群集に基づく基準、水鳥に基づく特定基準、魚類に基づく特定基準に区分されている。

我が国では、こうした国際登録基準に加えて、独自の指定要件として表2—2に掲げる3点を定めている。我が国では、これらの3要件を満たしている湿地について、3年毎に開催される締約国会議の機会に登録湿地として指定を進めている[1]。

表2—2　日本の独自の登録条件

1. 国際的に重要な湿地であること（国際的な基準のうちいずれかに該当すること）
2. 国の法律（自然公園法、鳥獣保護管理法など）により、将来にわたって、自然環境の保全が図られること
3. 地元住民などから登録への賛意が得られること

出典）環境省HP（http://www.env.go.jp/nature/ramsar/conv/2-1.html）を筆者部分修正

ラムサール条約は、指定を行う際に国内法による法的担保を求めていないが、我が国では表2—2の要件2に基づき、関係法令に基づく保護措置が取られている区域について指定、登録を行っている[2]。

(3) 国レベルでの湿地保全政策の方向性

　我が国における湿地保全政策の基本的な考え方は、2012 年（平成 24 年）に策定された「生物多様性国家戦略 2012-2020」（第 3 部第 1 章第 2 節 8）において 2 つの方針が明らかにされている（環境省 , 2012, pp. 128-129）。

　具体的には、第 1 に「平成 11 年の第 7 回締約国会議において目標とした、『条約湿地数を 2,000 か所にまで増やす』ことを達成（平成 24 年 5 月現在 2,006 か所）し、登録湿地数の増加のみならず、登録湿地の質をより充実させていく方向が重視されてきていることから、わが国においても既に登録された湿地について、条約の理念に沿って保全と賢明な利用の質的な向上を図ります。具体的には、平成 32 年までに、これまで登録されたすべての湿地についてラムサール情報票（RIS）の更新を行うとともに、地域の理解と協力を前提として必要な登録区域の拡張等を図ります。なお、国際的に重要な湿地の基準を満たすことが明らかであって、登録によって地域による保全等が円滑に推進されると考えられる湿地については、これまでの登録状況にもかんがみ、平成 32 年までに新たに 10 か所程度の登録を目指します。」としている。

　こうした方針を受けて、環境省は 2013（平成 25）年から「重要湿地保全再生事業」（12,000 千円）を実施している。この事業は「日本の重要湿地 500」の選定から 10 年が経過したことから、現在までの変化を把握し見直すことにより、湿地保全の基礎資料として有効なものにするものである。具体的には、重要湿地の見直しのために、過去と現在の湿地の状況判断材料として、航空写真、植生図、土地利用図など客観的なデータを使用した情報収集を行い、また、検討会を開催し、重要湿地 500 の加除や、保全への活用方法を検討するものとしている。

　第 2 に、「ラムサール条約湿地を抱える市町村が任意に加盟する『ラムサール条約登録湿地関係市町村会議』をはじめ、関係する地方自治体や地域住民、NGO、専門家などと連携しつつ、条約湿地に関するモニタリング調査や情報整備、湿地の再生などの取組を進めます。また、条約湿地の保全と

賢明な利用（ワイズユース）のための計画策定の支援や賢明な利用の事例紹介、普及啓発などを通じて、各条約湿地の風土や文化を活かした保全と賢明な利用を推進していきます。」としている。

次に、今後の条約履行のための優先事項を見ていくと、「ラムサール条約国別報告書（第12回締約国会議提出）」おいて、次の5点を明らかにしラムサール条約事務局に報告がなされている（環境省, 2014, p. 5）。

①ラムサール条約への登録によって、地域による保全等が円滑に推進されると考えられる湿地の登録を推進する。

②地域の理解と協力を前提として、必要なラムサール条約湿地の区域の拡張を図る。

③ラムサール条約湿地のRISの更新を進める。

④関係する地方自治体や地域住民、NGO、専門家などと連携しつつ、ラムサール条約湿地に関するモニタリング調査や情報整備、湿地の再生などの取組を進める。

⑤ラムサール条約湿地の保全とワイズユースのための計画策定の支援や、ワイズユースの事例紹介、普及啓発などを通じて、各ラムサール条約湿地の風土や文化を活かした保全とワイズユースを推進する。

3 日本のラムサール条約登録湿地の特徴

(1) 登録湿地の指定状況

日本は1980（昭和55）年にラムサール条約に加盟し、国内最初の登録湿地として釧路湿原を登録した。その後、1993年（平成5）年には釧路市で第5回締約国会議が開かれたことを契機とし、国内の登録湿地数は順次増加し、2005（平成17）年には20カ所を一括して登録湿地としている。これは、ラムサール条約第7回締約国会議（1999（平成11）年）において、当時1000か所であった世界の登録湿地数を2005（平成17）年までに倍増するという目標（「重要湿地の戦略的枠組み決議」Ⅶ.11）が掲げられたことを受けてのものである。

また、2007（平成19）年に策定された、我が国の湿地保全政策の基礎となる「第三次生物多様性国家戦略」において、第11回締約国会議までに新たに10か所増やすことを目標とし、2008（平成20）年10月に開催された第10回締約国会議の際には4か所を登録している。

最近では、2015（平成27）年6月ウルグアイのプンタ・デル・エステで開催された、第12回締約国会議においては、涸沼（茨城県）、芳ヶ平湿地群（群馬県）、東よか干潟（佐賀県）、肥前鹿島干潟（佐賀県）の4か所が追加登録さ

図2―1　日本のラムサール条約登録湿地

出典）環境省HP（https://www.env.go.jp/nature/ramsar/conv/2-3.html）

第2章　ラムサール条約の観点から見た日本の湿地政策の課題　　45

表2—3　日本の湿地の登録状況（年代別）

条約湿地名	登録年月日	湿地の特徴
釧路湿原	S55.6.17	低層湿原、タンチョウ生息地
伊豆沼・内沼	S60.9.13	大規模マガン等ガンカモ渡来地
クッチャロ湖	H1.7.6	大規模ガンカモ渡来地
ウトナイ湖	H3.12.12	大規模ガンカモ渡来地
霧多布湿原	H5.6.10	高層湿原、タンチョウ繁殖地
厚岸湖・別寒辺牛湿原	H5.6.10	低層湿原、大規模オオハクチョウ等渡来地、タンチョウ繁殖地
谷津干潟	H5.6.10	泥質干潟、シギ・チドリ渡来地
片野鴨池	H5.6.10	大規模ガンカモ渡来地
琵琶湖	H5.6.10	淡水湖、大規模ガンカモ渡来地、固有魚類生息地
佐潟	H8.3.23	大規模ガンカモ渡来地
漫湖	H11.5.15	河口干潟、クロツラヘラサギ渡来地
宮島沼	H14.11.18	大規模マガン渡来地
藤前干潟	H14.11.18	河口干潟、シギ・チドリ渡来地
濤沸湖	H17.11.8	低層湿原、湖沼、大規模オオハクチョウ等渡来地
サロベツ原野	H17.11.8	高層湿原、オオヒシクイ、コハクチョウ渡来地
雨竜沼湿原	H17.11.8	高層湿原
野付半島・野付湾	H17.11.8	塩性湿地、低層湿原、藻場、タンチョウ繁殖地、大規模コクガン等渡来地
風蓮湖・春国岱	H17.11.8	汽水湖、低層湿原、藻場、タンチョウ繁殖地、大規模キアシギ等渡来地
阿寒湖	H17.11.8	淡水湖、マリモ生育地
仏沼	H17.11.8	オオセッカ繁殖地
蕪栗沼・周辺水田	H17.11.8	大規模マガン等ガンカモ渡来地
尾瀬	H17.11.8	高層湿原
奥日光の湿原	H17.11.8	高層湿原
三方五湖	H17.11.8	固有魚類生息地
串本沿岸海域	H17.11.8	非サンゴ礁域のサンゴ群集
中海	H17.11.8	大規模コハクチョウ等の渡来地
宍道湖	H17.11.8	大規模マガン・スズガモ渡来地
秋吉台地下水系	H17.11.8	地下水系・カルスト
くじゅう坊ガツル・タデ原湿原	H17.11.8	中間湿原
蘭牟田池	H17.11.8	ベッコウトンボ生息地
屋久島永田浜	H17.11.8	アカウミガメ産卵地
慶良間諸島海域	H17.11.8	サンゴ礁
名蔵アンパル	H17.11.8	マングローブ林・河口干潟
化女沼	H20.10.30	ダム湖、ヒシクイ（亜種）、マガン等渡来地
大山上池・下池	H20.10.30	ため池、マガモ、コハクチョウ等の渡来地
瓢湖	H20.10.30	ため池、コハクチョウ、オナガガモ等の渡来地
久米島の渓流・湿地	H20.10.30	渓流、周辺湿地、森林、キクザトサワヘビの生息地
大沼	H24.7.3	淡水湖、堰止湖群
渡良瀬遊水地	H24.7.3	低層湿原、人口湿地、トネハナヤスリ等生息地、オオヨシキリ等の渡来地
立山弥陀ヶ原・大日平	H24.7.3	雪田草原
中池見湿地	H24.7.3	低層湿原、泥炭層
東海兵陵湧水湿地群	H24.7.3	非泥炭性湿地、シラタマホシクサ等生育地、ヒメタイコウチ等生息地
円山川下流域・周辺水田	H24.7.3	河川、周辺水田、コウノトリ、ヒヌマイトトンボの生息地
宮島	H24.7.3	砂浜海岸、塩性湿地、河川、ミヤジマトンボの生息地
荒尾干潟	H24.7.3	干潟、クロツラヘラサギ、ツクシガモ等の渡来地
与那覇湾	H24.7.3	干潟、シギ・チドリ類の渡来地
涸沼	H27.5.28	汽水湖、カモ類の渡来地、ヒヌマイイトトンボ等の生息地
芳ヶ平湿地群	H27.5.28	火山性の特異な特徴を有する中間湿原、淡水湖、火口湖
東よか干潟	H27.5.28	干潟、シギ・チドリの渡来地
肥前鹿島干潟	H27.5.28	干潟、シギ・チドリ類の渡来地

出典）環境省HP（http://www.env.go.jp/nature/ramsar/conv/2-3.html）掲載資料「日本の条約湿地の概要」
により、著者作成

れた。

　この結果、図2—1のとおり、日本のラムサール条約登録湿地は合計50か所（148,002 ha）を数えている。

　次に、表2—3により、登録状況について年代別に見ていくことにする。条約加盟当初は条約の中心と見なされてきた水鳥の保護の観点から、渡り鳥の渡来地、越冬地について重要な湿地を登録してきている。2005（平成17）年の一括登録以降は、渡り鳥の渡来地等が依然として登録の中心となっているものの、生物多様性の観点からは、絶滅危惧種や希少種、動植物・魚類の地域個体群の生息地が指定されてきている他、高層湿原などの自然公園も条約湿地として指定が行われ、多種多様な湿地の登録が徐々に進められてきている。

(2) 「国際的に重要な湿地」の選定基準から見た特徴

　条約湿地として指定するにあたり、各該湿地がどの基準に該当するのかを

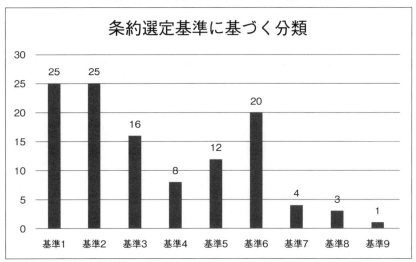

図2—2　国際登録基準に基づく分類

注　複数選択のため、条約湿地数と一致しない。
出典）著者作成

明らかにしているが、我が国の条約湿地の国際登録基準（表2−1）のうちいずれの基準に該当するのか整理したものが、図2−2である[3]。

日本の登録湿地の中心は、渡り鳥の集団渡来地や越冬地等となっている湿地であり、水鳥基準（基準5、6）に該当する湿地は32あるが、重複を除く実数は20湿地となっている。

基準1は、湿地の固有性や希少性に関する基準であるが25の湿地がこれに該当している。この基準にのみ該当する湿地は9箇所あり、山岳地域に形成された淡水湖（大沼、阿寒湖）、中・高層湿原（尾瀬、奥日光の湿原、くじゅう坊ガツル・タデ原湿原）や雪田草原（立山弥陀ヶ原・大日平）の他、低層湿原・人口湿地（渡良瀬遊水地）、サンゴ群集（串本沿岸海域）、地下水系（秋吉台地下水系）という、多様な水辺空間を指定している。これら以外の湿地は、基準1と併せて、生物多様性基準や水鳥特定基準についても該当する湿地となっている。

また、少数ではあるが、魚類基準（基準7、8）に該当する湿地（三方五湖、琵琶湖、宍道湖、名蔵アンパルなど）や、他の種群基準に該当する湿地（宮島）も登録されている。

この様に同条約はその名称から、水鳥保護条約と狭義に解されがちであるが、水鳥の生息地以外の湿地についても広く適用対象となっている。

(3) 国内法の保護形態から見た特徴

では、どのような国内法が登録湿地の保護や規制を担保しているのであろうか。この点を分類したものが表2−4である。

表2−4のとおり、我が国のラムサール条約湿地の大部分は鳥獣保護管理法による「国指定鳥獣保護区特別保護区」ないしは、自然公園法による「特別地域」、「特別保護地域」が指定され、これらの保護区（地域）により当該湿地が保護され、各種規制が行われる形となっている。また、鳥獣保護管理法の国指定鳥獣保護区特別保護区と自然公園法の特別地区が重複して指定されている湿地は5地区（サロベツ原野、湯沸湖、釧路湿原、佐潟、片野鴨池）ある他、これら2つに加えて河川法の「河川区域」が指定されている湿地（円山

48　第1部　水循環の保全再生に関する計画の管理・評価のあり方

表2—4　条約湿地に対する国内法の保護形態

法的保護の形態	湿地数
鳥獣保護管理法 （国指定鳥獣保護区特別保護区）	24
自然公園法 （国立・国定公園特別地域　等）	17
鳥獣保護管理法＋自然公園法	5
鳥獣保護管理法＋自然公園法＋河川法	1
鳥獣保護管理法＋河川法	1
種の保存法 （生息地保護区管理地区）	2
計	50

出典）著者作成

　川・下流域周辺水田）や、鳥獣保護区と河川区域が指定されている湿地（渡良瀬遊水地）もある。

　この様に、登録湿地に対する保護・規制制度は、鳥獣保護管理法と自然公園法が中心的役割を果たしているが、一部には「絶滅のおそれのある野生動植物の種の保存に関する法律（種の保存法）」の「生息地保護区管理地区」が指定されている湿地（藺牟田池、久米島の渓流・湿地）もみられる。また、湿地区域内やその周辺に水田を含む登録湿地もあり、農業振興地域の整備に関する法律や農地法も一定の役割を果たしているものと考えられる。

　このうち、種の保存法に基づく生息地保護区は、国内希少野生動植物種に指定されている種のうち、その生息・生育環境の保全を図る必要があると認める場合は、生息地等保護区を指定しているものであり、このうち管理地区は、産卵地、繁殖地、餌場等特に重要な区域について指定されるものであり、自然公園法の特別保護地区と同等の開発行為が制限されている。

　次節では、ラムサール条約湿地に対する国内法の保護形態の中心となっている、鳥獣保護管理法、自然公園法による保護措置・規制制度について分析を加え、これらを補完する観点から、新たな湿地保護法制の必要性とその方

第2章　ラムサール条約の観点から見た日本の湿地政策の課題　　*49*

向性を探っていくものとする。

4　我が国の湿地保護制度の特徴と課題

(1)　鳥獣保護管理法による保護・規制制度の概要

日本の登録湿地のうち24湿地は、鳥獣保護管理法の国指定鳥獣保護区特別保護区により担保されており、集団で渡来する渡り鳥の保護を図る「集団渡来地の保護区」ないしは、環境省又は都道府県の策定したレッドリストに掲載されている鳥獣の保護を図る「集団繁殖地の保護区」などに指定されている。

鳥獣保護管理法は「鳥獣の保護及び狩猟の適正化を図り、もって生物の多様性の確保、生活環境の保全及び農林水産業の健全な発展に寄与することを

表2−5　鳥獣保護区制度の概要

区分		制度の概要	規制の概要	存続期間
鳥獣保護区 （法第28条）		鳥獣の保護を図るため、必要があると認められる地域に指定するもの。	・狩猟が認められない	20年以内 期間は更新が可
	特別保護地区 （法第29条）	鳥獣保護区の区域内において、鳥獣の保護及びその生息地の保護を図るため、必要があると認められる地域に指定するもの。	【要許可行為】 ・工作物の新築等 ・水面の埋立、干拓 ・木竹の伐採 ※1ha以下の埋立、干拓や住宅の設置など鳥獣の保護に支障がない行為として政令に定める不要許可行為がある。	鳥獣保護区の存続期間の範囲内
	特別保護指定区域 （令第2条）	特別保護地区の区域内において、人の立入り、車両の乗り入れ等により、保護対象となる鳥獣の生息、繁殖等に悪影響が生じるおそれのある場所について指定するもの。	【要許可行為】 ・植物の伐採、動物の捕獲等 ・火入れ又はたき火 ・車馬の使用 ・動力船の使用 ・犬等を入れること ・撮影、録画等 ・野外レクリエーション等	特別保護地区において、区域と期間を定める

出典）環境省HP（http://www.env.go.jp/nature/choju/area/area1.html）

50　第1部　水循環の保全再生に関する計画の管理・評価のあり方

通じて、自然環境の恵沢を享受できる国民生活の確保及び地域社会の健全な発展に資すること」（第1条）を目的とする法律であり、その保護対象は鳥獣（鳥類又は哺乳類に属する野生動物：法第2条第1項）である。

　この目的を達成するため、積極的に鳥獣の保護を図る制度が「鳥獣保護区」である。鳥獣保護区は、環境大臣が指定する国指定鳥獣保護区と、都道府県知事が指定する都道府県指定鳥獣保護区の2種類がある。

　環境大臣が指定する国指定鳥獣保護区は、「国際的又は全国的な鳥獣の保護の見地からその鳥獣の保護のために重要と認められる区域」に指定される（第28条第1項第1号）。

　この地区指定により、狩猟鳥獣を含むすべての鳥獣の捕獲が禁止されることとなるが、環境大臣又は都道府県知事は、鳥獣保護区の区域内で鳥獣の保護又はその生息地の保護を図るため特に必要があると認める区域を「特別保護地区」に指定することができることが定められている（第29条）。

　この区域指定にあたっては、鳥獣の安定した生息の場とするため、保護区域の区分に従って指定するものとされている。例えば、集団渡来地の保護区は「渡来する鳥獣の採餌場又はねぐらとして必要と認められる中核的地区について指定するよう努めるもの」とされ、希少鳥獣生息地の保護区は「保護対象となる鳥獣の繁殖、採餌等に必要な区域を広範囲に指定するよう努めるもの」とされている[4]。

　現在、登録湿地においては、国指定鳥獣保護区特別保護地域の指定が行われており、都道府県指定鳥獣保護区の指定は見られない状況にある。

　鳥獣保護区は、鳥獣の生息や繁殖の維持促進のために指定されるものであるが、指定の目的を達成するためには、従来の鳥獣の捕獲や開発行為の規制だけでは困難な状況となっている。このため、保護区の環境変化等により鳥獣の生息状況に照らして必要があると認めるときは、「鳥獣の生息地の保護及び整備」を図ることを目的として、繁殖施設等の整備を行う「保全事業」を実施することとされている（第28条の2）。

　この保全事業の具体的内容は、施行規則第33条の2に規定されており、

第2章　ラムサール条約の観点から見た日本の湿地政策の課題　　*51*

a.鳥獣の繁殖施設の設置、b.鳥獣の採餌施設の設置、c.鳥獣の休息施設の設置、d.湖沼等の水質を改善するための施設の設置、e.鳥獣の生息地の保護に支障を及ぼすおそれのある動物の侵入を防ぐための施設の設置、f.鳥獣の生息地の保護及び整備に支障を及ぼすおそれのある動物の捕獲等が予定されている。これらの事業は「専ら鳥獣の生息地の保護及び整備を図るという目的に限定されて行われるもの」である[5]。

　保護措置の概要は以上であるが、特別保護地区の区域内においては、建築物その他の工作物の新増改築、水面の埋立て又は干拓、竹木の伐採を行おうとする場合には許可を受ける必要がある（第29条第7項）とされ、これが区域内における規制措置となっている。

(2) 自然公園法による保護・規制制度の概要

　日本の登録湿地のうち23湿地が、自然公園法の自然公園制度（国立公園、国定公園）により保護、規制制度が担保されている。このうち17湿地が自然公園法のみによって担保されている。

　自然公園法は「優れた自然の風景地を保護するとともに、その利用の増進を図ることにより、国民の保健、休養及び教化に資するとともに、生物の多様性の確保に寄与することを目的とする」（第1条）法律であり、優れた自然の風景地が保護対象となっている。

　同法の定める自然公園は、「国立公園」、「国定公園」と「都道府県立自然公園」があるが、公園の保護と利用を適正に行うために、公園ごとに「公園計画」が定められている。この公園計画に基づいて、国立公園内の施設の種類や配置、規制の強弱を定めている。公園計画は「規制計画」と「事業計画」に大別される。

①規制計画

　規制計画では無秩序な開発や利用の増大に対して、公園内で行うことができる行為を規制することで自然景観の保護が図られている。規制される行為の種類や規模は公園の地種区分に応じて定められており、自然環境や利用状

況を考慮して特別保護地区、第1種～第3種特別地域、海域公園地区、普通地域の6つの地種区分を公園内に設けている。また、過剰利用によって自然環境が破壊されるおそれが生じたり、適正で円滑な利用が損なわれたりしている地域には、利用調整地区を設け、立ち入ることのできる期間や人数を制限するなどして、良好な自然景観と適正な利用を図っている。

この公園計画（保護規制計画）に基づいて、指定された地域の種類によって、自然公園法に基づく申請又は届出の手続が必要となっている。ラムサール条約湿地では、特別地域、特別保護地域の指定がほとんどであるが、優れた自然の風景地を保護するとの目的を達成するため、自然や風景を改変するおそれのある建築物等工作物の設置、木竹の伐採、土石の採取や動植物の捕獲・採取等については許可を要することとするなど、各種行為を規制している[6]。

②事業計画

事業計画は、公園の景観又は景観要素の保護、利用上の安全の確保、適正な利用の増進、並びに生態系の維持又は回復を図るために必要な施設整備や様々な対策に関する計画であり、施設計画と生態系維持回復計画がある。

施設計画では適正に公園を利用するために必要な施設、荒廃した自然環境の復元や危険防止のために必要な施設を計画し、それぞれの計画に基づき公園事業として施設の設置を行うものである。

生態系維持回復計画は、シカやオニヒトデなどによる食害、他地域から侵入した動植物による在来動植物の駆逐などによる生態系への被害が予想される場合、あるいは被害が生じている場合に、国、地方公共団体、民間団体などが協力して、食害をもたらすシカやオニヒトデ等の捕獲、外来種の駆除、自然植生やサンゴ群集の保護などの取り組みを予防的・順応的に実施し、生態系の維持又は回復を図るための計画である。

(3) 条約の国内実施を行う上での法・政策面の課題

①先行研究の状況

これまで見てきたとおり、ラムサール条約の国内実施のための法は制定さ

れておらず、鳥獣保護管理法や自然公園法が湿地の保護や規制に中心的な役割を果たしていた。

鳥獣保護管理法は、鳥獣の保護を目的とし、その生育環境を保全するための法であり、自然公園法は優れた自然の風景地を保全するための法律である。いずれの保護対象地域も「湿地を保全するという観点から指定されるわけではなく、湿地を保全する必要がある地域だとしても、当該湿地に鳥類や哺乳類が生息していない地域や、風光明媚な景観を備えていない地域は、保護対象として指定されない」こととなる（田中 2008, p. 68）。

ラムサール条約は、締約国に対して、湿地に自然保護区を設け湿地及び水鳥の保全を促進すること（条約第4条1）、また、湿地の区域を緊急な国家的利益のために登録湿地の区域を廃止、縮小する権利を有すること（条約第2条5）を求めている。

条約第2条5の規定については、外務省、環境庁等による条約解釈検討において、緊急的な国家的利益のためでなければ登録湿地を廃止又は縮小できないと解し、規定の担保措置として、主務官庁の長が登録区域の現状変更等につながる行為について許認可権限を有し、登録湿地の区域の縮小ないし廃止を余儀なくするような現状変更（地域開発、市街地造成等）は、関係法令に照らしてその保護法益を害するものとして許可を認めないことができないと想定され、具体的な担保措置として、鳥獣保護管理法による鳥獣保護区特別保護地区の指定、自然公園法による特別保地域や特別保護地区の指定、文化財保護法による天然記念物の指定等を想定していたことが先行研究により明らかにされている（菊池 2013, p. 62）。

この結果、これまで見てきたとおり、国立公園や鳥獣保護区の中の湿地は自然公園法や鳥獣保護法により、河川湿地は河川法により、海岸湿地は海岸法や港湾法などにより、都市近郊の湿地は都市計画法などにより、農業地帯の湿地は農地法・ため池保護条例などにより、保護、管理されることなる。つまり、湿地はそれが存在する土地の属性（従属物）から捉えられ、河川法、都市計画法、農地法、自然公園法など、湿地の属する土地に適用される法律

によって間接的に守られているにすぎないものとなっている。このため、湿地はその所在地にかかわらず、湿地の特徴や価値に着目した法律制定の必要性が指摘されている（畠山，2004, pp. 195-196）。

こうした現行の湿地保全のあり方は、規制を最小限におさえる財産権偏重の法システムであり、湿地固有の生態系の保全や水循環機能に果たす役割の観点が非常に弱く、独自の指定要件を追加していることと相まって、湿地の過剰利用や生態系破壊につながっているとの批判がなされている（田中，2008、畠山，2004）。

また、遠井（2013, p. 52）は、国の規制権限を重視して、厳格な行為規制を求める保護区設定を選定条件とすることで、登録地の決定及び区域指定は生態学的価値よりも、社会経済的要因に影響される傾向があることを指摘している。

そこで、従来から、ラムサール条約の目指す理念を実現、定着させていく上での課題の1つとして、湿地の保全を直接の目的とした総合的な「湿地保全法」の必要性が指摘されている（日本弁護士会，2002、田中，2008、大塚，2010, pp. 208-210 など）。

先行研究が指摘するとおり、ラムサール条約の示す義務等の履行を確実に担保し、湿地の価値や生態系サービス機能を十全に発揮させるためには、他法令との役割分担を図りながらも、湿地保全再生政策を直接規定する、「湿地保全法」の立法も検討の余地があるといえよう。

この湿地保全法においては、湿地固有の保護・規制制度を具体化していくとともに、賢明な利用のための湿地保全管理計画の策定や、個別湿地の条例の制定可能性などを位置付けていくことになる。条約の国内実施の実効性を高め、高い水準の保護を達成していく上で、こうした湿地保全法の立法化が今後の法政策の重要な課題の1つなろう。

②新たな湿地政策の方向性

湿地は、前章3（1）で指摘のとおり、広く生態系サービスを提供する役割を果たしているが、これをどのような法制度で保全再生していくべきであ

ろうか。

　田中（2008）は、湿地保全法を策定する際には、a. 土地所有権を保護して規制を最小限に抑える法システムを転換し、土地利用規制を強化すること、b. 環境保全機能を強化するとともに、過剰利用を抑制するような法システムにすべきこと、c. 生態系保全の観点を確保すること、d. ラムサール条約の「国際的に重要な湿地」の選定基準をふまえて、保全対象地域を適切な方法で指定すること、e. 湿地保全対象地域の公有化、戦略的アセスメントの実施、湿地の保全と「賢明な利用（wise use）」を組み入れた利用計画の策定・実施などによって、開発規制を強化するなどの視点を盛り込むことを指摘している。

　こうした中で「水循環基本法」が 2014（平成 26）年 7 月 1 日から施行された。同法は、水に関する総合的な政策を実効的に進めるための法的基盤となるものであり、「健全な水循環の維持又は回復のための取組みが積極的に推進されるべきこと」（第 3 条 1 項）、「流域に係る水循環について、流域として総合的かつ一体的に管理されるべきこと」（第 3 条 4 項）などを基本理念としている。

　ラムサール条約は、生物多様性保護にとどまらず、水循環を通じた湿地生態系と水資源管理の結びつきについても視野に入れ、第 9 回締約国会議（2005）では「ラムサール条約の水関連の手引きの統合的枠組み（決議IX.1 付属書C）」が示され、第 10 回締約国会議（2008）では「湿地と河川流域管理：統合的な科学技術的手引き（決議X.19）」が決議されるなど、湿地の保全と賢明な利用を統合的河川流域管理や統合的水資源管理に組み込んでいくことを求めている。

　特に、前者の「ラムサール条約の水関連の手引きの統合的枠組み」は、「湿地から、また湿地が存在する集水域から水を多く取り過ぎること、また湿地に注ぐ水を汚染することはすべて、湿地の生態学的プロセスに重大な変化をもたらす可能性がある。このようなことが起こると、生息地の物理学的、化学的鋳型に変化が起き、不可逆的な生物多様性の喪失という結果を招くこと

が一般的である。土地管理や植生管理をどれだけ入念に行ってもこのような変化を緩めることはできない。湿地生態系は適切な水質の水を、適切な時期に、適切な量を必要とする」、つまり、「水がなければ湿地はない」と指摘している。

また、「湿地生態系は、水と水が人間にもたらすすべての恩恵の最大の源泉であり、また私達に水を供給し続ける水循環の主要かつ決定的な要素である。湿地生態系を保護することは、それが提供する水及び水と関連する恩恵を賢明に利用することと同様、人間の生存にとって欠かすことのできないものである」、つまり、「湿地がなければ水はない」との認識も示している。

水循環基本法に基づく政策・施策・事業の計画、立案等の政策過程においては、これら決議を十分考慮し、湿地の役割や価値を適切に考慮したものとしていくことが求められる。また、湿地保全再生政策においても、健全な水循環系と統合的流域管理の実現に向けた法政策の立案が課題の1つとされなければならないであろう。

なお、湿地保全法の立法措置がなされていない現況において、地方自治体は生物多様性基本法を始め、鳥獣保護管理法、自然公園法、水循環基本法など、関連する行政分野の間の調和と調整を確保するための総合性を発揮し、これを具体化した地域政策を具現化していくことが期待される。

また、湿地の持続的な保全や利用を実現していくためには、行政、地域住民、NPOをはじめとする多様なステークホルダーが湿地の保全再生に必要な諸課題の解決に向けて連携（協働）し、必要な対策を各主体が実施していくためのシステム（地域連携・協働による湿地保全再生システム）の構築が必要となるであろう。

5　おわりに

以上、本章ではラムサール条約の理念や締約国会議における決議等の視点から、日本の湿地政策の現状と課題について概観を加え、条約の国内実施を

行う上での法・政策面の課題について指摘してきた。

繰り返しになるが、日本のラムサール条約登録湿地の指定状況について分析を加えた結果、同条約の国内実施の基盤となっている、鳥獣保護管理法と自然公園法による保護・規制措置が同条約の国内実施の基盤となっていることを確認することができた。鳥獣保護管理法は、鳥獣の保護を目的とし、その生育環境を保全するための法であり、自然公園法は優れた自然の風景地を保全するための法律である。いずれの保護対象地域も「湿地を保全するという観点から指定されるわけではない。このため、湿地の管理、保全、再生方策を直接規定する「湿地保全法」の立法措置が必要とされている。

先行研究においてもこうした立法措置の必要性は指摘されてきたが、特に、本書では、湿地保全法を立法化する際には、野生生物保護や生物多様性保護など湿地生態系の管理、保全、再生施策に加え、それらの基盤となる、統合的河川流域管理や統合的水資源管理による水循環の健全化の視点を組み込んでいく必要があることを指摘した。

湿地保全法の立法措置がなされていない状況にある中で、地方自治体は生物多様性基本法を始め、鳥獣保護管理法、自然公園法、水循環基本法など、関連する行政分野の間の調和と調整を確保するための総合性を発揮していくことが期待されている。

今後の課題は、地方自治体がこの総合性を発揮し、湿地の保全再生政策を積極的に促進するための安定的な制度基盤のあり方を考察していく必要がある。また、湿地保全再生政策を各ステークホルダーの連携・協働により推進していくための共通基盤となる具体的な連携・協働のスキームの具体像を考究していく必要がある。

これらの課題については、別稿において検討していきたい。（前者の問題は第3章において、後者の問題は第4章において検討を行っている。）

1) 推薦された湿地は条約実施機関による審査は行われておらず登録簿に掲載されている。
2) 条約第2条5項は、湿地の区域を緊急な国家的利益のために登録湿地の区域を廃

止、縮小する権利を有するとしている。この規定については、外務省、環境庁等による条約解釈検討において、緊急的な国家的利益のためでなければ登録湿地を廃止又は縮小できないと解し、規定の担保措置として、主務官庁の長が登録区域の現状変更等につながる行為について許認可権限を有し、登録湿地の区域の縮小ないし廃止を余儀なくするような現状変更（地域開発、市街地造成等）は、関係法令に照らしてその保護法益を害するものとして許可を認めないことができないと想定され、具体的な担保措置として、鳥獣保護管理法による鳥獣保護区特別保護地区の指定、自然公園法による特別保地域や特別保護地区の指定、文化財保護法による天然記念物の指定等を想定していたことが先行研究により明らかにされている（菊池 2013, p. 62）

3）環境省（2015）に掲載された各湿地の国際登録基準を集計、整理した。なお、図2-2と図2-3の内訳については、林・佐藤（2014）を参照されたい。

4）「鳥獣の保護を図るための事業を実施するための基本指針（平成19年1月29日環境省告示第3号）」。本書では、鳥獣保護管理研究会（2013, p. 424）の掲載資料によった。

5）「国指定鳥獣保護区指定等実務要領（平成19年3月23日付環境省自然環境局長通知）」。本章では、鳥獣保護管理研究会（2013, p. 332）の掲載資料によった。

6）法第20条第3項は、特別地域内において、①工作物を新築し、改築し、又は増築すること、②木竹を伐採すること、③環境大臣が指定する区域内において木竹を損傷すること、④鉱物を掘採し、又は土石を採取すること、⑤河川、湖沼等の水位又は水量に増減を及ぼさせること、⑥環境大臣が指定する湖沼又は湿原及びこれらの周辺一キロメートルの区域内において当該湖沼若しくは湿原又はこれらに流水が流入する水域若しくは水路に汚水又は廃水を排水設備を設けて排出すること、⑦広告物その他これに類する物を掲出し、若しくは設置し、又は広告その他これに類するものを工作物等に表示すること、⑧屋外において土石その他の環境大臣が指定する物を集積し、又は貯蔵すること、⑨水面を埋め立て、又は干拓すること、⑩土地を開墾しその他土地の形状を変更すること、⑪高山植物その他の植物で環境大臣が指定するものを採取し、又は損傷すること、⑫環境大臣が指定する区域内において当該区域が本来の生育地でない植物で、当該区域における風致の維持に影響を及ぼすおそれがあるものとして環境大臣が指定するものを植栽し、又は当該植物の種子をまくこと、⑬山岳に生息する動物その他の動物で環境大臣が指定するものを捕獲し、若しくは殺傷し、又は当該動物の卵を採取し、若しくは損傷すること、⑭環境大臣が指定する区域内において当該区域が本来の生息地でない動物で、当該区域における風致の維持に影響を及ぼすおそれがあるものとして環境大臣が指定するものを放つこと（当該指定する動物が家畜である場合における当該家畜である動物の放牧を含む。）、⑮屋根、壁面、塀、橋、鉄塔、送水管その他これらに類するものの色彩を変更すること、⑯湿原その他これに類する地域のうち環境大臣が指定する区域内へ当該区域ごとに指定する期間内に立ち入ること、⑰道路、広場、田、畑、牧場及び宅地以外の地域のうち環境大臣が指定する区域内において車馬若しくは動力船を使用し、又は航空機を着陸させること、⑱前各号に掲げるもののほか、特別地域における風致の維持に影響を及ぼすおそれがある行為で、政令で定めるものを許可対象としている。

第3章　地域連携によるラムサール条約
義務等の実質化

1　本章の検討課題

　本書では、ラムサール条約湿地を中心とする湿地保全再生政策の各サイクル（Plan-Do-See）に視点を置いて、条約の示す義務等[1]の実質化のために必要な措置を検討課題としている。この措置の具体的内容は、条約の示す義務等を履行、担保する措置と、明文化された義務それ自体の内容を発展させる支援・促進的措置のあり方を検討するものである。

　第3章では、湿地の賢明な利用を始めとするラムサール条約の示す義務等を履行、担保し、湿地の保全・再生を積極的に促進するための安定的な制度基盤のあり方を考察していく。このための検討素材として、本章では生物多様性基本法に基づく生物多様性地域戦略を取り上げていく。

　平成の市町村合併や分権改革の一環として権限移譲が進展する中で、多様な規模と権限を持った市町村が出現している。特に小規模市町村を取り巻く環境は厳しさを増している。我が国は人口減少局面に突入しており、地域社会の持続可能性とともに、厳しい財政状況の中で、地方自治体が持続可能な公共サービス提供体制を維持できるかどうか、危機意識が高まっている。

　こうした状況の下、第31次地方制度調査会は「人口減少社会に的確に対応する地方行政体制及びガバナンスのあり方に関する答申（平成28年3月16日）」を発表し、人口減少社会における地方行政体制のあり方として、小規模市町村等に対する都道府県の補完の他、広域連携等による行政サービスの提供、外部資源の活用による行政サービスの提供を推進していくべきこと等

を指摘している[2]。

　著者は、こうした背景から「地域連携」が今後の地域課題を解決する手法として重要であると考えている。しかし、地域連携とは、前記答申の示す、都道府県による市町村の補完、複数の市町村間による連携、地方自治体をはじめ地域の多様な主体による連携にとどまるものではない。本書では、湿地をめぐる多様な関係主体（ステークホルダー）が、政策プロセスの各サイクル（Plan-Do-See）において行なわれる、政策目的達成のための多様な行為や作業を地域で連携・協働して取り組んでいくことが重要であると考えており、こうした地域連携を促進する観点から実質化問題を考察していく。このための検討素材として、本章では生物多様性地域連携促進法に基づく地域連携保全活動計画を取り上げていく。

　なお、本章では政策の安定的な基礎となる法制度を中心に検討を行い、ステークホルダーが協働、連携して、地域連携の概念の詳細と湿地の保全再生に取り組んでいくための仕組み（地域連携・協働による湿地保全再生システム）については、次章で検討を行う。

2　条約の国内実施基盤としての生物多様性基本法

　私たち人間は生態系からの多様な恵み（生態系サービス）を受けて生存している。この基礎となる生物多様性に対して、人間の諸活動は多岐にわたり負の影響を及ぼしている。

　環境省（2012b）は、人間活動の負の影響を「開発など人間活動による危機」、「自然に対する働きかけの縮小による危機」、「人間により持ち込まれたものによる危機」、「地球環境の変化による危機」の4つに整理している。

　これら4つの危機は独立したものではなく、危機の相互作用を考慮した対策の展開が期待されているが、生物多様性の保全と持続的な利用という目標を達成するための基本原則等を掲げた法律として「生物多様性基本法」（以下「基本法」という。）がある。また、生物多様性を保全するための活動を促進

する法律として「生物多様性地域連携促進法」（以下「地域連携促進法」という。）
がある。これらは生物多様性条約やラムサール条約を国内実施する際の基盤
となる法制度（国内実施法制）として重要であり、課題の検討に先立ち、これ
らについて本節と次節で概観を加えていく。

(1) 生物多様性基本法の概要

　平成 20（2008）年 6 月に制定された基本法は、環境基本法の理念にのっと
り、生物多様性の保全と持続可能な利用に関する施策を総合的かつ計画的に
推進し、生物多様性から得られる恵沢を将来にわたって享受できる自然と共
生する社会の実現を図り、あわせて地球環境の保全に寄与することを目的と
している（基本法第 1 条）。

　基本法は、私人に対する一定の行為の義務づけやそれに違反する罰則を定
める規制法ではなく、生物多様性の理念や基本原則を明らかにする基幹的法
律である。

　つまり、基本法は、環境基本法の理念にのっとり、生物多様性の保全、持
続可能な利用についての基本原則を定め、相互に関連性のない多くの個別法
によってバラバラになされてきた生物多様性に関連する法律を緩やかに統合
し、生物多様性に関連する諸政策を共通の方向へと導いていくアンブレラ法
（プラットホーム）の役割を果たすものである（及川 2010, pp. 33-41）。

　ラムサール条約湿地の保護法制の現状は、第 2 章でみてきたとおり、鳥獣
保護管理法と国立公園法が中心であり、基本法を保護法制として参照するこ
とや、自治体が政策展開において直接引用してはいない。しかし、基本法の
こうした機能に注目し、条約の国内実施基盤として活用を検討していくもの
とする。そこで、基本法が示す生物多様性の理念や基本原則を最初に確認し
ていく。

　第一に、同法は国内法における生物の多様性（生物多様性）の定義を初めて
規定した。すなわち、「『生物の多様性』とは、様々な生態系が存在すること
並びに生物の種間及び種内に様々な差異が存在すること」（2 条 1 項）と定義

している[3]。

　生物多様性の概念は基本法にとどまらず、鳥獣保護管理法（2002年改正）、自然環境保全法（2009年改正）、自然公園法（2009年改正）がそれぞれ改正され、各法の目的規定に「生物多様性の確保」が明記されるようになっている[4]。

　第二に、持続可能な利用を「現在及び将来の世代の人間が生物の多様性の恵沢を享受するとともに人類の存続の基盤である生物の多様性が将来にわたって維持されるよう、生物その他の生物の多様性の構成要素及び生物の多様性の恵沢の長期的な減少をもたらさない方法（持続可能な方法）により生物の多様性の構成要素を利用することをいう」（2条2項）と定義している。

　ここで「長期的な減少をもたらさない方法により、生物多様性の構成要素を利用する」との意味は、自然や生態系の保全を基盤とし、大前提とした上で、生物や遺伝子資源などの持続的な利用の促進を図ろうとするものである。

　すなわち、持続可能性は、人間活動に対して生態系が有している支持力または許容力の持続可能性を意味するのであり、事業や活動の持続可能性または継続可能性を意味するのではない。そして、生態系の支持力または許容力

表3—1　持続可能性の基準

> **自然科学的基準**
> ・生物多様性の保全
> 　指標）種、遺伝子および生態系それぞれの多様性
> ・生態系サービスの維持
> 　指標）生産性と生態系機能の維持
> ・有害な影響の防止及び除去
> 　指標）臨界負荷量
> **社会科学的基準**
> ・社会、経済的便益の維持増進
> 　指標）生産及び消費
> 　　　　野生生物被害
> 　　　　レクリエーションおよび観光、利用に関わる生態系または生物種に関する投資
> 　　　　文化的・社会的および精神的な必要と価値
> 　　　　雇用および地元社会の必要
> ・法制度の整備
> 　指標）権利設定、事前評価、情報公開、公衆参加、紛争解決、行政機構

出典）磯崎（2012, pp. 936-937）を著者が整理した。

は、生物多様性が維持していなければ確保できないのである（磯崎2012, p. 935）。

ラムサール条約では、この持続可能な利用が「湿地の賢明な利用」として表現されており、湿地生態系の維持が賢明な利用の大前提となっている。こうした側面からも、基本法はラムサール条約の示す義務等を履行、担保するための安定的な政策基盤となると考えられる。

持続可能な利用については、以上のとおりのものとして理解できる。だが、より具体的には、持続可能性に関する基準・指標は、表3―1のとおり、自然科学的要素とともに社会科学的要素から構成される（磯崎2012, pp. 936-937）。

第三に、基本法は法の目的を達成するための基本原則として、後述するとおり、地域の実情に即した保全、最小影響利用、予防原則・順応的管理、長期的な視点からの取り組み、地球温暖化対策との連携などを示している。

また、13項目からなる国の基本的施策を定めている。このうち主なものは表3―2のとおりであるが、「地域の生物の多様性の保全」（基本法14条）においては、生物の多様性の保全上重要と認められる地域の保全、過去に損なわれた生態系の再生その他の必要な措置（1項）、里地、里山等の保全を図るため、地域の自然的社会的条件に応じて当該地域を継続的に保全するための仕組みの構築その他の必要な措置（2項）、生物の多様性の保全上重要と認

表3―2　基本法の定める国の基本的施策（主なもの）

○保全に重点を置いた施策
　①地域の生物多様性の保全
　②野性生物の種の多様性の保全等
　③外来生物等による被害の防止
○持続可能な利用に重点を置いた施策
　④国土及び自然資源の適切な利用等の推進
　⑤遺伝子など生物資源の適切な利用の推進
　⑥生物多様性に配慮した事業活動
○共通する施策
　⑦地球温暖化の防止等に資する施策の推進
　⑧多様な主体の連携・協働、民意の反映及び自発的な活動の促進　など

出典）基本法第14条から第26条により著者作成。

64 第1部 水循環の保全再生に関する計画の管理・評価のあり方

められる地域について、地域間の生物の移動その他の有機的なつながりを確保しつつ、それらの地域を一体的に保全するために必要な措置（3項）をそれぞれ講ずることが期待されている。これらに加えて、「国土及び自然資源の適切な利用等の推進」（17条）、「生物資源の適正な利用の推進」（18条）、「生物の多様性に配慮した事業活動の促進」（19条）等についても必要な措置を講ずることが期待されている。

　生物多様性の保全と持続可能な利用を推進するためには、国だけでなく、地方公共団体、事業者、国民、民間団体がそれぞれの立場から自主的に取り組む環境配慮行動が重要である。このため基本法は各主体の責務を規定している。特に、地方公共団体に対しては、表3—2に掲げる国の施策に準じた施策と、所管する区域の社会的自然的条件に応じた施策を実施すべきことがその責務として定められている（基本法27条）。

(2) 生物多様性基本法が示す基本原則

　次に、基本法が示す諸原則について概観を加えていく。

①地域の実情に即した保全

　基本法3条1項は、「生物の多様性の保全は、（略）、野生生物の種の保存等が図られるとともに、多様な自然環境が地域の自然的社会的条件に応じて保全されることを旨として行われなければならない」と定めている。

　本条は主に生物多様性の保全を図る上での基本原則となるものであり、地域の実情に即した保全原則と称される。

②影響が最小になるような利用

　基本法3条2項は、「生物の多様性の利用は、（略）、生物の多様性に及ぼす影響が回避され又は最小となるよう、国土及び自然資源を持続可能な方法で利用することを旨として行われなければならない」と定めている。

　法文中の自然資源の意義は「我々が社会経済活動に利用する資源のうち、その供給に生物による働きが介在しているもの全てをいう。生物を始めとした有機的な資源のみならず、清浄な水や土壌もこれに含まれる」と解されて

いる（谷津他 2008, p. 29）。

本条は主に生物多様性の利用を行う上での基本原則となるものであり、最小影響利用の原則（影響が最小になるような利用）と称される。

③予防原則と順応的管理

基本法3条3項は、「生物の多様性の保全及び持続可能な利用は、生物の多様性が微妙な均衡を保つことによって成り立っており、科学的に解明されていない事象が多いこと及び一度損なわれた生物の多様性を再生することが困難であることにかんがみ、科学的知見の充実に努めつつ生物の多様性を保全する予防的な取組方法（略）により対応することを旨として行われなければならない」と定めている。これは、予防原則（予防的アプローチ）と称される。

また、後段では、「事業等の着手後においても生物の多様性の状況を監視し、その監視の結果に科学的な評価を加え、これを当該事業等に反映させる順応的な取組方法により対応することを旨として行われなければならない」と定めている。これは、順応的管理と称される。

この2つは、長期的観点からの取り組み（同条14項）や、地球温暖化対策との連携（同条15項）と併せて、生物多様性の保全や利用に際しての基本原則となるものである。

（3）生物多様性地域戦略の意義と策定状況

①生物多様性地域戦略の意義

生物多様性地域戦略（以下「地域戦略」という。）とは、「当該都道府県又は市町村の区域内における生物の多様性の保全及び持続可能な利用に関する基本的な計画」と定義され（基本法13条）、前述した「①地域の実情に即した保全」の原則を各地域で具体化するための基盤となる行政計画である。

地域戦略の策定主体は地方自治体（都道府県及び市町村）であるが、地域戦略に定めるべき内容は、a. 生物多様性地域戦略の対象とする区域、b. 当該区域内の生物の多様性の保全及び持続可能な利用に関する目標、c. 当該区域内の生物の多様性の保全及び持続可能な利用に関し、総合的かつ計画的に講ず

べき施策などである。（基本法13条2項）

　環境省（2016, p. 55）は、b. の目標の意義について「目標とは、地域における生物多様性の達成すべき姿（ゴール）であって、望ましい姿（ビジョン）ではない」と説明している。c. の講ずべき施策はこの目標を達成するための手段となることから、地域戦略の策定にあたっては、目標の具体化は極めて重要な作業となる。

　また、目標の形式については、「目標は、到達すべき姿を文章により示す定性的なものと、具体的な達成状況を示す定量的なもの、或いは設定した目標に対する達成度を示す数値目標などの示し方があります。また、目標の内容も、地域ごとの課題の解決を重視する方法や愛知目標との整合を重視する方法のほか、環境負荷と生物生産力のバランスで評価するエコロジカルフットプリントを用いるなど指標化する方法」もあるとしている（環境省 2016, p. 55）。

②地域戦略の性格と期待される役割

　地域戦略は、地域における「生物の多様性の保全及び持続可能な利用に関する基本的な計画」であるが、政府が定める生物多様性国家戦略を基本とすることが、基本法13条1項に規定されている。「基本とする」との文言は不明瞭であるが、生物多様性国家戦略と自治体環境基本計画の基本理念を引照し、生物多様性分野における諸施策を具体化した行政計画と位置付けられるであろう。

　地域戦略はこうした性格の計画であることから、条約の示す義務等を履行、担保する措置とともに、条約の示す義務等の内容を発展するための支援・促進的措置を具体化するための安定的な政策基盤となるのである。

③地域戦略の策定状況

　地域戦略は環境省（2016b）に掲げる5つの基本戦略のうちの1つである「生物多様性を社会に浸透させる」意義をもつものである。

　政府は、平成32年における数値目標として、「（目標）生物多様性地域戦略の策定自治体数：47都道府県（平成32年）」を掲げている。

では、実際の策定状況[5]はどうであろうか。2015（平成27）年3月末現在の地域戦略の策定状況は、都道府県が35（全47都道府県の約75%）、政令指定都市が14（全20政令指定都市の70%）、市区町村（政令指定都市を除く）が48（全1,721市区町村の約3%）、合計97の地方公共団体で策定済みとなっている。

地域戦略策定済み地方公共団体の前年度からの増加数は、都道府県が2、政令指定都市が1、市区町村（政令指定都市を除く）が15となっており、特に市区町村で新たな策定が進んでいる。

以上のとおり、地域戦略の作成が進展しているが、策定済み自治体は、地域戦略策定の効果をどのように評価しているのであろうか。環境省の調査結果[6]を基に整理すると次のとおりとなる。

地方自治体の大部分は「生物多様性の保全と持続可能な利用」の必要性、重要性の普及啓発や住民意識の醸成に効果があったとしており、生物多様性の概念は一般になじみが薄く理解しにくいことから、こうした意義についても重要なものと言えよう。

しかしながら、注目すべき評価は市民セクターの変化や政策主体である行政主体の変化を指摘する意見である。前者の市民セクターの変化を指摘する回答は、次のとおりである。

・「多様な主体による検討委員会や、NPO等との協働により生物多様性の県民理解促進を図るためのシンポジウム等を開催したことにより、様々な地域や立場の異なる主体間に連携・協働が生まれ、それぞれの主体が生物多様性の保全に主体的に関わる気運が高まった。」（栃木県）

・「生物多様性の観点から取組を進めるNPO等自然活動団体が増えてきた。」（兵庫県）

・「戦略を推進し、進行管理を行う母体として、市民・NPO、学識経験者、事業者及び市で構成する任意団体「北九州市自然環境保全ネットワークの会（自然ネット）」を立ち上げ、メルマガや情報誌などの情報媒体を通じ（各主体が実施する自然環境保全活動の）情報共有を行い、その後それらの活動へ参加を促す仕組みを構築した。」（北九州市）

68　第1部　水循環の保全再生に関する計画の管理・評価のあり方

　次に、後者の政策主体である行政主体の変化を指摘する意見は次のとおり
である。

・次期総合計画や他部局の部門計画等に生物多様性や地域戦略の理念が反
　映された。（栃木県、兵庫県）
・生物多様性保全の各種施策を体系化したことにより、施策展開の検討や
　予算要求上の説明が論理的になった。（長崎県）
・全国で生物多様性地域戦略を策定している自治体や策定を予定している
　自治体を集め、いきものジャパン・サミット（生物多様性自治体サミット）
　を開催し、北九州市、高山市、流山市による共同宣言を採択するととも
　に、自治体間の連携交流のネットワーク化を図ることができた。（流山
　市）

　さて、都道府県及び市町村は、地域戦略を単独又は共同して定めることが
可能とされている（基本法13条1項）。しかし、策定済みの地域戦略の大部分
は単独策定であり、地方公共団体が共同で地域戦略を策定した事例は「奄美
大島生物多様性地域戦略」のみである[7]。

3　地域連携の基盤となる生物多様性地域連携促進法

　基本法21条1項は「国は、生物の多様性の保全及び持続可能な利用に関
する施策を適正に策定し、及び実施するため、関係省庁相互間の連携の強化
を図るとともに、地方公共団体、事業者、国民、民間の団体、生物の多様性
の保全及び持続可能な利用に関し専門的な知識を有する者等の多様な主体と
連携し、及び協働するよう努めるものとする」と規定している。

　また、同条3項は「国は、事業者、国民又は民間の団体が行う生物の多様
性の保全上重要な土地の取得並びにその維持及び保全のための活動その他の
生物の多様性の保全及び持続可能な利用に関する自発的な活動が促進される
よう必要な措置を講ずるものとする」と定めている。

　本章で検討対象とする地域連携促進法は、これらの規定の趣旨を具体化し

たものと考えられる。以下ではこの法制度について概観を加えていく。

(1) 地域連携促進法の概要

地域連携促進法は、地域における多様な主体が連携して行う生物多様性保全活動を促進することによって、豊かな生物多様性を保全することを目的としている。

同法は、各地域における生物多様性の保全を図るため、国による地域連携保全活動に関する基本方針の作成の他、市町村等による地域連携保全活動計画の作成、地域連携保全活動協議会、地域連携保全活動支援センターの設置などを定めている。

(2) 地域連携保全活動の意義

地域連携促進法が促進しようとする地域連携保全活動とは「地域の自然的社会的条件に応じ、地域における多様な主体が有機的に連携して行うもの」と定義される（地域連携促進法2条2項）。

具体的には、生物の多様性をはぐくむ生態系に被害を及ぼす動植物の防除、生物の多様性を保全するために欠くことのできない野生動植物の保護増殖、生態系の状況を把握するための調査、その他の地域における生物の多様性を保全するための活動が想定されている（地域連携促進法2条2項）。こうした活動のうち、地域連携保全活動計画に位置づけられた活動については、計画作成時に国または都道府県への協議を経ることにより、自然公園法等の法律に基づく許可や届出など一部の手続が不要となる特例措置もある。

地域連携保全活動の担い手となる「地域における多様な主体」は、市町村、NPO等の民間団体、地域住民、農林漁業者、企業等の事業者、大学・博物館・専門家等が想定されている[8]。

「地域連携保全活動の促進に関する基本方針」（農林水産省・国土交通省・環境省告示第2号）は、こうした多様な主体による地域の特性に応じた活動が行われることにより、生物多様性の保全が各地域で強化されるだけでなく、地域

70 第1部 水循環の保全再生に関する計画の管理・評価のあり方

コミュニティの再構築や地域の活性化、地域課題の解決につながることを期待している。

また、本書の視点から言えば、地域の実情に即した生物多様性の保全の原則（基本法3条1項）を踏まえた、地域連携保全活動が各地域で促進されることは、ラムサール条約登録湿地をはじめ、湿地の生物多様性保全の担い手づくりを促進し、地域連携体制を構築する意義を持つとともに、生物多様性の主流化に寄与する意義を持つといえよう[9]。

(3) 地域連携保全活動計画の意義と活用状況
①地域連携保全活動計画の意義と活用

市町村は、単独で又は共同して、国の地域連携保全活動基本方針に基づき、「当該市町村の区域における地域連携保全活動の促進に関する計画（地域連携保全活動計画）」を作成することができる（地域連携促進法4条1項）。

地域連携保全活動計画に定めるべき内容は、a. 地域連携保全活動計画の区域、b. 目標、c. 計画期間の他、d. 地域連携保全活動の実施場所、実施時期、実施方法等に関する事項である（地域連携促進法4条2項）。

このうち、b. の計画目標は、地域の自然的条件や社会的条件を踏まえて、地域の生物多様性や人と自然との関わりがどのような状態になることを目指すのかを表すとともに、個別の地域連携保全活動の目標ともなるものであり、その設定は計画策定上において重要な課題となる。

環境省（2012a, p20）は、b. の目標の形式について、「計画区域全体で一つの目標を設定する方法や、種や生態系に着目して設定した地域ごとに個別目標を設定する方法も考えられます。その際、具体的な数値を示すもの（定量的目標）から地域の将来像のイメージを描くようなもの（定性的目標）まで様々な目標が考えられます。かつて人と自然との関係が豊かであった頃の地域をイメージして目標を設定したり、具体的に種や生態系に着目した生物多様性の保全の観点に、地域の活性化や自然と共生する地域づくりの観点を加えることも良い」と指摘している。

第3章　地域連携によるラムサール条約義務等の実質化　*71*

　この活動計画は、現在14計画あり、黒松内町ほか後志地域14市町村、小山市、あきる野市、秦野市、珠洲市、飯山市、信濃町、木津川市、西宮市、真庭市、宇部市、松山市、西条市、大宜味村が策定している[10]。また、計画に基づく地域連携保全活動の一例[11]とし、「宇部方式」による生物多様性保全（山口県宇部市）がある。

　宇部市の取組みは「宇部市生物多様性地域連携保全活動計画」に基づくものであり、「里地里山（里海）から恩恵を受けているという意識の醸成」、「都市部に住む人との交流促進、地域活動への参加促進」、「子ども達への環境学習の推進」、「里地里山（里海）を管理する担い手を育成し、再生を目指す」という方向性を掲げている。

　宇部市の特徴的な取り組みは、a.多様なニーズのコーディネートや情報共有・発信をするため、宇部方式（産官学民の協働）による「宇部市生物多様性応援団」を組織している点や、b.再生可能エネルギー導入によって得た資金や環境価値を循環させ、里地里山の整備を図る「再生可能エネルギー森の再生事業」を実施している点にある[12]。

　活動計画は生物多様性の保全に関する課題を解決するため、地域の関係主体が地域連携保全活動に取り組むための実行計画としての性格をもつものであり、条約の示す義務等を履行、担保する措置とともに、ラムサール条約の示す義務等の内容を発展するための支援・促進的措置を具体化するための安定的な政策基盤となるのである。

②地域連携保全活動協議会の設置と活用

　地域連携保全活動計画を作成しようとする市町村は、計画の作成に関する協議、計画の実施に係る連絡調整を行うための地域連携保全活動協議会を組織できる（地域連携促進法5条）。

　協議会の構成員は、地域連携保全活動計画を作成しようとする市町村の他、NPO等の活動主体、地域連携保全活動支援センター、地域住民、学識経験者、関係行政機関、その他市町村が必要と認められる者が想定されている。（地域連携促進法5条2項）。

協議会において協議が調った事項について、協議会の構成員は、協議結果を尊重しなければならないことが法定され（地域連携促進法5条3項）ている。

このため、計画策定や実際の地域連携保全活動の実施に際して、関係主体の合意形成を図る円卓会議的な場として活用するなど、協議会を有効活用することにより、地域連携保全活動を効果的、効率的に進めていくことが可能となる。

4　地域連携によるラムサール条約湿地の保全・再生

(1) ラムサール条約の示す義務等の方向性

ラムサール条約は湿地の保全・管理に関する義務を設定している（第1章3(2) 参照）。条約前文においては、（注・林：湿地の生態学的機能は）「湿地及びその動植物の保全が将来に対する見通しを有する国内政策と、調整の図られた国際的行動とを結び付けることにより確保されるものであることを確信」するとしている。これは条約と国内法の連携の必要性を指摘しているように思われる。

ラムサール条約決議Ⅶ.8 付属書（湿地管理への地域社会及び先住民の参加を確立し強化するためのガイドライン）は、各国の取り組みの総括として、地域社会の関与や参加が、計画の実効性を高めていく上で有用であることを示している。しかしながら、国内実施法、担保法や計画の形式など、国内実施法制のあり方については沈黙しており、条約の国内的実現（実施）の際に課題となる実質化問題への対処方法については各国の事情に任せられている。

(2) 「条約の義務等」を実質化するための措置の選定

条約の国内実施の際に課題となる実質化問題、つまり、地方自治体は条約義務を履行、担保する措置と支援・促進的措置をどのような政策ツールを活用し、具体化することが有効であろうか。

著者（林）は、前述した基本法に基づく生物多様性地域戦略と地域連携促

進法に基づく地域連携保全活動計画の活用が有効であると考えており、これらの策定や施策の実施などに際して、条約の義務等を実質化（参照、反映）していくことが適当であると考えている。

次項において詳細な検討を行うが、この検討に先立って、地域戦略と保全活動計画の役割分担とその適用について整理しておく。まず、基本法に基づく生物多様性地域戦略は、対象区域を都道府県及び市町村の区域全体とするだけでなく、単一の行政区域を越えて、より広域に視野を広げた取組を実施することも考えられることから、「当該自治体全域及びその周辺」、「当該地方自治体全域のほか、生物多様性を考えるうえで必要な事項について、都道府県や周辺自治体等と連携」する形も想定している（環境省 2012, p. 50）。

一方、地域連携促進法に基づく地域連携保全活動計画は、主に特定の活動実施場所を対象エリアとし、行政だけでなく、保全活動を行う主体がいつ、どこで、何をするのかを具体的に示した実行計画となるものである。

以上のとおり、地域戦略は、生物多様性の保全と持続可能な利用に関する基本的な方針と地域の課題解決の方策を示すものである。一方、地域連携保全活動計画は地域戦略で示した基本指針や施策を実現していくためのアクションプランとして位置づけられる。

こうした機能分担はあるが、いずれも条約義務を履行、担保する措置と支援・促進的措置を具体化する役割を担うものとして活用が可能であろう。

また、単独の地方自治体だけでなく、複数の地方自治体が共同により策定可能な点が注目される。共同地域戦略の発想は、生物多様性という考え方の核心の一つであり、生態系の「つながり」という観点と符合する。すなわち、共同地域戦略は、自治体の管轄区域によって分断された生態系の「つながり」を取り戻す契機となるのであり、基本法に、そのための根拠規定があることは特筆すべきことであり、海外へも積極的に情報発信すべき政策情報と言えると評価されている（及川 2010, p. 145）が、活動計画についても同旨と言えよう。

では、地方自治体は、こうした機能分担を持つ地域戦略と保全活動計画を

74　第1部　水循環の保全再生に関する計画の管理・評価のあり方

活用し、条約の示す義務等をどのように実質化していくべきであろうか。以下では、湿地自体の保全・再生と、渡り性水鳥保護のための環境保全・再生活動の2点の課題への対応を中心に実質化問題の検討を行っていく。

(3) 実質化問題の検討A：地域戦略の活用による湿地の保全・再生

　湿地は、ラムサール条約の前文等が示すとおり、水の循環の調整を行うことや、水鳥をはじめとする多様な動植物を育む場として非常に重要であり、経済上、文化上、科学上及びレクリエーショシ上、大きな価値を有する地域資源である。同条約は、湿地の価値をこのように確認し、水鳥保護にとどまらず、水鳥の生息地である湿地生態系の保護を正面から謳っている。

　しかし、これまで湿地は、干拓や埋め立て等の開発の対象になりやすく、繰り返しになるが、序章で紹介した国土地理院の調査[13]によれば、我が国の湿地は開発により100年間で61%が消失したことが判明しており、これは琵琶湖の約2倍の広さに相当する。また、湿地の乾燥化や外来種の侵入などによる湿地生態系の変化が各地でみられている。

　このため、湿地は最も危機に瀕している自然生態系と評される状態にあり、湿地生態系の保全、再生は喫緊の政策課題となっている。地方自治体がこれらの課題に対処するにあたってはラムサール条約の示す義務等の他、国内法では主に基本法等の国内実施法制に準拠することとなる。

　我が国のラムサール条約湿地は、湿原、河川、湖沼、砂浜、干潟、サンゴ礁、マングローブ林、藻場、水田、貯水池、湧水池、地下水系など、多種多様なタイプの湿地が想定されている。このため湿地の保全、再生については、即地的な湿地生態系と、当該湿地と人間活動の関係性を念頭に検討される必要があり、湿地や当該地域の実情に即した対応が不可欠となる。

　条約3条1項は、湿地の保全及び湿地の適正な利用（賢明な利用）を促進するため、各湿地の管理計画の策定、実施を締約国の義務としており、湿地保全管理計画の策定が課題となる。

　しかしながら、我が国のラムサール条約湿地の保全管理は、指定鳥獣保護

区や自然公園、国定公園に指定されていることを登録要件の１つとしていることから、自然公園の公園計画や鳥獣保護区の指定計画に基づき行われることが中心となっており、湿地独自の保全管理計画を策定している例は一部に過ぎない[14]。

　思うに、湿地はひとつのまとまりをもった生態系を構成しており、その生態学的特徴を保全、再生していくためには、湿地それ自身を直接対象とした保全、再生のための計画が策定されるべきであろう。

　この際、湿地保全管理計画の策定に関連する決議Ⅷ.14「ラムサール条約湿地及びその他の湿地保全管理計画策定のための新ガイドライン」を参照していくことが有用であろう[15]。

　新ガイドラインによれば、湿地保全管理計画の重要な機能として、a. 個別湿地管理の目標を示し、目標達成に必要な管理（行動）を明示すること、b. 湿地の生態学的特徴に対し影響を及ぼす要因等を特定すること、c. 湿地の生態学的特徴の変化を管理するためのモニタリング（監視・評価）の要件を規定することなどを挙げている。つまり、湿地保全管理計画は、湿地の保全再生の目標とその実現手段（賢明な利用の枠組み）を具体的に示すことにより、湿地の直面する危機に対する処方箋としての役割が期待されているのである。

　また、最近では「ラムサール条約湿地保全管理計画は、地域、または国家レベルにおける公共開発計画制度に組み込まれるべきこと」、「個別湿地規模の管理計画は、賢明な利用計画及び管理のための多因子的アプローチの一つ要素であるべきであること、また、統合的河川流域と沿岸域の規模を含めた広範な規模の景観計画と生態系計画にリンクすべきであること」を求めている（決議Ⅷ.14 附属書）。

　湿地保全管理計画の具体像は湿地のタイプや直面する課題によって様々である。前述した地域戦略との一体化、あるいは地域戦略の部門計画としての位置づけを湿地保全管理計画に与えることにより、基本法を根拠とする行政計画となる。これにより、条約の示す義務等に加えて、同法の定める基本原則を反映した地域政策の展開が担保される形をとることができるのである。

(4) 実質化問題の検討B：渡り性水鳥保護とその生息地の保全・再生

　課題の検討に先立ち、渡り性水鳥の特性について確認しておくことにする。渡り性水鳥はそれぞれの種や個体群によって異なるが、国境を越えて長距離の移動を行い、季節によって繁殖地、中継地、越冬地という異なる生息地の間を移動している。例えば、夏鳥の渡りのルートは東南アジア―台湾―琉球列島―本州―北海道というルートが主流となっており、冬鳥の渡りのルートはシベリア―カムチャッカ―北海道―本州のルートをとるものと、シベリア―日本海―本州のルートをとるものがあることが知られている（中村2012, pp. 33-34）。

　また、日本に渡来するマガンの大半は、繁殖地であるロシアのペクルニイ湖沼群から、中継地であるカムチャッカ半島、北海道（石狩平野（宮島沼）、ウトナイ湖）、秋田県（八郎潟、小友沼）を経て、越冬地の宮城県（伊豆沼、蕪栗沼）のルートをたどることが報告されている（呉地 , 1999）。

　従来から、渡り性水鳥とその生息地の保全は、渡りの経路（フライウェイ）全体で考えるべきことが指摘されている。つまり、渡り性水鳥は国境を越えて長距離の移動を行い、季節によって異なる生息地を利用するため、生息地が1箇所でも環境悪化するとフライウェイを移動する水鳥全体に影響する。このため、渡り性水鳥の保護や管理にはフライウェイにかかわる各国関係者が協働して生息地の保全に取り組むべきことが不可欠となっている（呉地2011, pp. 113-114）。

　こうした国際協力のスキームとして「東アジア・オーストラリア地域フライウェイ・パートナーシップ（EAAFP）」が著名である。また、我が国では、アメリカ合衆国、オーストラリア、中国、韓国、ロシアと渡り鳥の保護に関する条約・協定を締結しており[16]、これらの条約等を通じて、渡り鳥の捕獲等の規制、鳥類などの保護とその生息環境の保護に取り組んでおり、ラムサール条約の補完的な役割を果たしているといえよう。

　渡り性水鳥とその生育環境を保全する上において、これらの国際協力の重要性は論を待たない。しかし、水鳥や湿地の保全のための十分な国内措置が

なされているとは必ずしも言えない現下の状況において[17]、国内湿地の保全再生を効果的に行うためには、条約の示す義務等をいかに使うことができるのかを検討しなければならないと考えている。

　具体的には、国内のフライウェイに関係する各地域が、ラムサール条約の示す義務等を地域政策の形成、展開過程において参照しつつ、同一歩調で生息地の減少、悪化などの課題改善に取り組むなど、湿地生態系の保全・再生のための緊密な地域連携体制を構築していくことが重要な課題の１つとなるものと思われる。

　国内のフライウェイ関係地域の範囲は、渡りの経路の詳細な解明[18]が前提となるが、序章図３のとおり、ラムサール条約湿地とこれを補完する役割を持つ多様な周辺地域が複数含まれる形が基本となるであろう[19]。

　例えば、ラムサール条約湿地の１つである瓢湖（新潟県阿賀野市水原）は、ハクチョウの越冬地として著名である。瓢湖に飛来するハクチョウの大部分はコハクチョウであるが、10月中旬から３月中旬の間、瓢湖に滞在し、日中は周辺水田に採餌に出かけ、夕方には瓢湖に戻りねぐらとして利用している。また、新潟平野には瓢湖以外にも鳥屋野潟（新潟市中央区女池、鐘木）、福島潟（新潟市北区前新田）、ラムサール条約湿地の佐潟（新潟市西区赤塚）などが点在し、湖沼と水田が一体となった湿地を形成していることから、渡り性水鳥等にとって穀倉地帯の餌場と安全なねぐらが点在する形となっている。

　この様な相互に補完関係にある湿地や周辺水田を有する各地域が、ラムサール条約とこれを補完する２国間条約・協定の示す義務等を参照しながら、水鳥や湿地生態系のモニタリング情報の共有をはじめ、予防的アプローチと順応的管理の手法により、水鳥自体の保護とその生息環境の保全・再生活動に連携して取り組むことが地域連携の具体像となる[20]。

　地域連携を具体化していくためには、様々な取り組みが考えられるが、国内の中継地、越冬地とその周辺地域など、国内のフライウェイに関係する湿地を擁する地域が、モニタリング情報の共有の他、特定の水鳥保護を中核とした湿地生態系の保全・再生活動のための共同地域連携保全活動計画の策定

78 第1部 水循環の保全再生に関する計画の管理・評価のあり方

に取り組むことがその第一歩となるであろう。

こうした地域連携による地域政策の形成、展開過程を具体化することは、地方自治体の重要な役割と考えられ、自治体が取組む地域政策の領域において、条約の示す義務等を実質化する契機となる意義を持つ。

また、地域連携保全活動計画は法的根拠をもつ行政計画であり、地域連携による政策実施の安定的な基盤を整備する意義を持つ。

さらに、生物多様性基本法の掲げる「生物の多様性の保全上重要と認められる地域について、地域間の生物の移動その他の有機的なつながりを確保しつつ、それらの地域を一体的に保全するために必要な措置を講ずる」との基本施策（基本法14条3項）を具体化する意義も併せ持つといえよう。

これまでラムサール条約湿地への登録に際して、「国内法（鳥獣保護法など）による保護措置が担保され、地元住民などから登録への賛意が得られていること」との国内独自の登録基準がネックとなり、登録湿地が増加しないとの批判がなされている（畠山 2006, p. 201）。

地域連携保全活動計画の各サイクルに多様な関係主体が参加する仕組みづくりを行うなど、計画プロセスを活用することにより、関係制度や身近な地域の湿地と水鳥の価値に対する理解が促進され、条約湿地への登録や具体的な保全活動への合意形成に資することも期待できるであろう。

5　おわりに

第1章でみてきたとおり、国内法秩序における国際法規範の適用問題については、これまで主に司法機関における適用の問題とその要件が議論されてきた（例えば、酒井他 2011, p. 399 以下）。

これに対して、本書の視点は、地域政策の形成、展開過程において、自治体行政機関等が条約の示す義務等を参照しつつ、関連する国内法や条例を条約適合的に解釈、運用することや、地域で必要な措置を検討することなどにより、より早期の政策循環の段階から、条約の規範的内容や中核的理念を実

現（実質化）することを目指すものである。

　条約の示す義務等を参照するこうした取り組みは、地方自治体が中心的に担う地域政策をグローバルスタンダードの水準に引き上げるなど、政策のイノベーションを促進する要因となり、より適切な湿地保全再生政策を立案、実施、評価していくことを可能にするなどのメリットを地域政策の立案、展開過程にもたらすであろう。

　一方、ラムサール条約に対しては「本質的に個別分野に関するものでそのアプローチが限定されており、生物多様性条約の効果的な履行に必要とされる全体論的で広い生態学的アプローチに立つ均整の取れたものではない」ことや、「同条約の規定が一般的性格を持つことにより、解釈及び義務の脆弱性の問題が提起された」との問題点を指摘する見解（パトリシア・バーニー／アラン・ボイル 2007, p. 699）も見られるところである。このため本章では、ラムサール条約とその国内実施基盤としての生物多様性基本法等とを関連づけた議論を試みたところである。

　次章では、ステークホルダーが協働、連携して、湿地の保全再生に取り組んでいくための仕組み（地域連携・協働による湿地保全再生システム）を構築していく上で、必要な視点について検討を行う。

1) 序章でみてきたとおり、本書では、条約の示す義務や理念に加え、広く締約国会議等において蓄積されてきた、条約の解釈や奨励としての勧告的性質をもつ決議、勧告、指針、原則宣言、基準等を「条約の示す義務等」と定義している。
2) 同答申は、「第一　基本的な考え方」の「二　地方行政体制のあり方」の「1　広域連携等による行政サービスの提供」において、「人口減少社会において、高齢化や人口の低密度化等により行政コストが増大する一方で資源が限られる中で、行政サービスを安定的、持続的、効率的かつ効果的に提供するためには、あらゆる行政サービスを単独の市町村だけで提供する発想は現実的ではなく、各市町村の資源を有効に活用する観点からも、地方公共団体間の連携により提供することを、これまで以上に柔軟かつ積極的に進めていく必要がある」としている。
3) 生物多様性条約2条は、生物多様性（Biological diversity）を「すべての生物（陸上生態系、海洋その他の水界生態系、これらが複合した生態系その他生息又は生育の場のいかんを問わない。）の間の変異性をいうものとし、種内の多様性、種間の多様性及び生態系の多様性を含む」と定義しており、基本法はこの定義と同旨と解されよう。
4) 平成14（2002）年の鳥獣保護管理法の改正において「生物多様性の確保」が追加

80　第 1 部　水循環の保全再生に関する計画の管理・評価のあり方

された理由として、「野生鳥獣は生態系の重要な構成要素の一つという認識のもと、生物多様性条約の締結（平成 5 年）以来、生物多様性の重要性の認識の高まりを受けて、本法の全部改正に併せ新たにこの概念が盛り込まれたものである。本法の目的に対する社会的な要請の程度は時代によって変化している。（略）国土開発の進展及び生活様式の変化等によって、生物多様の保全及び人と自然とのふれあいの推進において果たすべき役割が相対的に高くなっていると考えられる」と説明されている（鳥獣保護管理研究会 2013, p. 23）。

5）生物多様性地域戦略の策定状況については、環境省平成 27 年 5 月 21 日報道発表資料を参照した。調査時点は平成 26 年 11 月 30 日現在のものである。
（http://www.env.go.jp/press/101003.html）[2016 年 12 月 26 日取得]

6）環境省ホームページ「地域戦略策定済み地方公共団体の情報等（策定状況についての基本情報）」を参照した。
（http://www.biodic.go.jp/biodiversity/activity/local_gov/local/information.html）[2016 年 12 月 26 日取得]

7）2015（平成 27）年 3 月、奄美大島を構成する奄美市、大和村、宇検村、瀬戸内町、龍郷町の 5 市町村が、奄美大島本島と付属島嶼及びその周辺海域を対象区域とする「奄美大島生物多様性地域戦略」を共同で策定している。これは、地方公共団体が共同で地域戦略を策定した、全国で初めての事例であり注目される。

8）環境省（2013, p. 3）

9）2010（平成 22）年 10 月に名古屋市で開催された生物多様性条約の COP10 では、愛知目標が設定され、この目標達成に貢献するため、2011 年から 2020 年までの 10 年間を国際社会のあらゆる主体が連携して生物多様性の問題に取り組む「国連生物多様性の 10 年」とすることを採択し、2010 年 12 月の第 65 次国連総会で決議がなされており、地域連携活動の促進は、国連決議の趣旨にも副うものである。

10）地域連携保全活動計画の作成事例については、環境省ホームページを参照した。
（https://www.biodic.go.jp/biodiversity/about/renkeisokushin/_case/）[2016 年 12 月 26 日取得]

11）環境省（2013, pp. 6-7）を参照した。同書では、記述した宇部市以外にも、後志地域の広域連携による生物多様性保全（北海道後志地域）、産学官連携による「生きものの里」づくり運動（神奈川県秦野市）、信州・信濃町「癒しの森」（長野県信濃町）、世界農業遺産「能登の里山海保全活動」（石川県珠洲市）、都市近郊の市民協働による里山維持再生（京都府木津川市）の取り組みが紹介されている。

12）環境省（2013, p. 6）

13）国土地理院「湖沼湿原調査」（http://www.gsi.go.jp/kankyochiri/gsilake.html）[2016 年 12 月 26 日取得]

14）条約湿地の管理保全を直接の目的とする計画を策定している国内例は「クッチャロ湖湿原保全プラン」、「宮島沼保全活用計画」、「伊豆沼・内沼環境保全対策基本計画」、「蕪栗沼環境管理基本計画」、「佐潟周辺自然環境保全計画」、「渡良瀬遊水地湿地保全・再生基本計画」などがある。

15）環境省ホームページ（http://www.env.go.jp/nature/ramsar/08/0414.pdf）[2016 年 12 月 26 日取得] に同決議の翻訳が掲載されている。また、"Ramsar handbooks 4th ed, Handbook18, Managing wetlands" を参照していくことも有用である。

16）2 国間渡り鳥等保護条約・協定等の概要は、塚本（2011, p. 234）を参照。

17）湿地はこれまで開発対象地として改変され、消失している。とりわけ、1997（平

成9）年4月に諫早湾干拓事業によって、有明海の一部である大規模な湿地が消滅したことは未だ記憶に新しいところである。こうした大規模開発だけでなく、身近な地域の湿地開発をめぐる問題点を指摘するものとして、三浦・三戸自然環境保全連絡会編（2015）がある。また、我が国の湿地保全の法システムの問題点を指摘するものとして田中（2008）がある。

18）牛山（2003）によれば、日本国内におけるマガンの越冬集団は宮城県、北陸、山陰の大きく3通りにわけられる。このうち宮城県越冬集団については、大半は、「伊豆沼—八郎潟—ウトナイ湖—石狩平野（宮島沼）」のルートをたどるが、十勝川下流域からの国外へのルートが明らかにされていない。また、十勝川下流域と宮島沼を中継地とする集団の交流についても明らかにされていない。北陸と山陰で越冬する集団については、北海道を経由せず、日本海を北上する可能性が示唆されているが、その実態や他集団との交流については明らかにされていない。今後、標識鳥を増やす努力を、上記の不明点に答える形で進める必要があることなどを指摘している。（http://www.jawgp.org/anet/jg008.htm 参照）［2016年12月26日取得］

19）こうした範囲どりを具体化した場合、相当広範囲の地域が含まれることになり、その調整等に苦慮し、戦略等の策定が長期化し水鳥保護等が事実上困難になるのではないかとの指摘が予想される。しかしながら、広範な影響圏（catchment area）から切り離された「湿地」の保全区域を強調することは、適切な環境保全・再生活動を行う上で問題点を残すものと思われる。保護区域の内側であるのか又は外側であるのかを問わず、その目的にとって重要な生物の規制管理が必要とされるからである。この問題に関しては、パトリシア・バーニー／アラン・ボイル（2007）pp. 703-704 を参照。

20）小友沼（秋田県能代市）は、かつては伊豆沼にやってくるマガンが渡りの途中で立ち寄る、「中継地」であった。しかし最近では、伊豆沼など南の地域に渡らず、そのまま「越冬」するマガンが見られるようになった。つまり、中継地の越冬化という現象がみられる（呉地, 2011, p. 113）。1995～96年から個体数が増加し始め、近年では多い時で3～4万羽ほどのマガンが越冬している。かつて小友沼は、真冬の平均気温が0℃を下回り、沼が凍ってしまうから、マガンたちが越冬できなかったと言われている。最近は、雪も少なく、沼も凍らなくなったため、そのまま越冬するようになったとする地球温暖化の影響が指摘されている（呉地, 2011, p. 113）。一方、宮城県北部でマガンが急増したことにより、採食効率が低下し、増加傾向にある宮城県北部のマガンが一部小友沼へ移動したとする分散化を原因として指摘する者もある。秋と春しか現れなかったマガンが、冬の間も棲み続けるという行動の変化は、秋田県だけでなく、北海道などでも起きているといわれている（あきた森づくり活動サポートセンター総合情報サイト http://www.forest-akita.jp/data/bird/33-magan/magan.html を参照）［2016年12月26日取得］。こうした現象面からも地域連携による緊密な取組みの必要性が高まっているといえよう。

第4章　地域連携・協働による
湿地保全再生システムの構築に向けて

1　はじめに

　ラムサール条約決議Ⅶ.8（湿地管理への地域社会及び先住民の参加を確立し強化するためのガイドライン）の段落14は、「締約国に対して、国家湿地政策や関連する法律の制定に際しては、地域社会や先住民と広範な協議を行うこと、そしてこうした政策や立法措置が導入された時には、社会全般がその履行に積極的に参加できるようにするために、本決議の付属書に合致するような仕組みを持つものとすること」を要請している[1]。

　また、同決議の段落17は「締約国に対して、湿地とその保全に関する政策決定にあたり透明性を確保し、また、ラムサール登録湿地の選択及びすべての湿地の管理においては、その過程における利害関係者の十分な参加を保証しつつ、技術的データ等の情報を十分に提供することを奨励」している。さらに、段落18は「締約国、専門家、地元住民及び先住民に対して、政策決定に際しては、最善の科学的知見や地元の知恵が十分に考慮されるようにするために、湿地の管理や計画立案において協力し合うことを奨励」している。

　本章では、これらの要請と奨励を受けて、決議Ⅶ.8が期待する湿地の参加型管理システムを具体化していくことを課題とするものである[2]。

　参加型管理システムのあり方は様々なものが構想されうるが、本章では「地域連携・協働による湿地保全再生システム」の構築に必要な視点を検討していく。これは、政策目的の達成のために行われる多様な行為ないしは作

業の意思決定を支援する、一種の意思決定支援システムの役割を果たすものであるが、地域行政機関や組織の意思決定を支援するだけのものではない。すなわち、湿地の生態学的特徴の保全再生と湿地の賢明な利用を具体化するためには、地域行政機関の地域政策にとどまらず、地域住民やNPOなど多様なステークホルダーによる環境配慮行動が不可欠であり、政策プロセスの各サイクル（Plan-Do-See）において、両者が連携（協働）していくための基盤となるシステムを本稿では想定している。

　課題の検討にあたっては、まず、湿地の保全再生政策における連携・協働の必要性とその具体像について考察していく。

　次に、地域行政機関、地域住民やNPOをはじめとするステークホルダーが、湿地保全再生政策の各サイクル（Plan-Do-See）において、地域連携・協働を推進していく上で必要な課題について検討を加えていく。

　具体的には、新しい公共の取り組みとともに現在活用が広がりつつある、「マルチステークホルダー・プロセス（MSP）」に注目し、ステークホルダーが、連携するにあたって、相互の立場や考え方を理解し、その利害、関心を調整し、新たな対策を立案するなど、具体的な協働のスキームとしての活用方法を検討していく。また、ステークホルダー間のコミュニケーションを成立させ、地域連携・協働を促進していくための共通言語となる「環境指標」のあり方を考察していく。

　これらの検討により、ラムサール条約義務の実質化を担保する地域政策の確立に寄与していきたいと考えている。

2　湿地保全再生政策における地域連携・協働の必要性

(1) 地域連携が必要とされる背景

　地方自治法（第1条の2）は、地方公共団体の存立目的と役割について、「住民の福祉の増進を図ることを基本として、地域における行政を自主的かつ総合的に実施する役割を広く担うものとする」と規定している。この規定の意

味は、地方自治体が地域的な性格を有する行政を担う主体であること、関連する行政の間の調和と調整を確保するという総合性と、特定の行政における企画、立案、選択、調整、管理・執行などを一貫して行うという総合性の両面の総合性を意味するものと解されている（松本 2017, p. 14）。

江藤によれば、こうした 2 つの総合性を実現する場合には、単独の自治体でそれを担うのか、自治体間連携・補完によって担うのかの分岐が生じる。この根底には、自治体の政策形成におけるリソースの自己調達主義か、連携・補完主義かが問われる。市町村は、そもそも単独で政策開発をしているわけではなく、他の市町村・都道府県に情報を依存しながら政策開発を行っている。リソースの自己調達主義を採用すれば市町村合併の推進につながり、リソースの共有を強調すれば、自治体間連携・補完が推進されることとなる（江藤 2015, pp. 54-55）。

一方で、平成の市町村合併や地方分権改革の一環として権限移譲が進展する中で、多様な規模と権限を持った市町村が出現している。また、我が国は人口減少局面に突入しており、地域社会の持続可能性とともに、厳しい財政状況の中で、地方自治体が持続可能な公共サービス提供体制を維持できるかどうか、小規模市町村を中心に危機意識が高まっている。

こうした状況の下、第 31 次地方制度調査会は「人口減少社会に的確に対応する地方行政体制及びガバナンスのあり方に関する答申（平成 28 年 3 月 16 日）」を発表した[3]。

この答申では、人口減少社会における地方行政体制のあり方として、実定制度で与えられた権限を実施し、行政サービスを持続可能なものとするために、行政資源が限られる中にある市町村は、不足する資源を外部から充足しなければならないことを指摘している。このための方策として、連携中枢都市圏や定住自立圏等、圏域単位での連携方策など、広域連携による行政サービスの提供を提言している[4]。また、広域連携が困難な地域においては、都道府県の補完など、外部資源の活用による行政サービスの提供を推進していくべきこと等を指摘している。

86　第1部　水循環の保全再生に関する計画の管理・評価のあり方

　こうした背景から、都道府県による市町村の補完、複数の市町村間による連携、地方自治体をはじめとする地域の多様な主体による協働・連携という、3要素から構成される「地域連携」の実施基盤が求められており、本書では自治体間連携・補完による方策を基本として考察を加えていく。

(2) ラムサール条約湿地と参加・連携・協働

　課題の検討に先立って、ラムサール条約の想定する参加・連携協働の意義について確認していきたい。

　まず、決議Ⅶ.8付属書の段落13cでは、「地元に存在している環境に関する知識は、最善の科学的知見と結びつけられた場合に、湿地管理戦略に著しい貢献をもたらすことができる」こと、同dでは「地元の利害関係者を現地モニタリングや参加型管理プロセスの評価に関与させることは、地域参加による環境保全の目的を達成する上で、貴重かつ実質的な貢献となる」と指摘している。また、段落16以下において、奨励策、信頼、柔軟性、情報交換及び能力養成、継続性から構成される、地域住民等の参加度合いを図るための簡略化された指標リストを提示している。

　次に、決議Ⅷ.36（湿地の管理及び賢明な利用のための手段としての参加型環境管理）付属書段落1は、参加型環境管理を活用する意義として、「特に伝統、科学、技術、行政など多くの提供源の知識を取り込むことにより、問題や優先的活動に対して統合的なアプローチが可能になる。これによって、生態系の管理、特に湿地の管理が社会的、環境的、経済的な意味で、一段と効率的、効果的で持続的となる。参加型環境管理は資源をもっとも効果的に利用し（最適化され）、一段と効果的に管理するので、今ではこれが多くの地域の貧困の克服に役立つプロセスだとみなされている」。

　地域住民をはじめとした湿地の様々なステークホルダーが、湿地保全再生政策の各サイクルに参加し、連携・協働することの意義と効果は以上のとおりであるが、効果が期待されるところであり、本書が構築を目指している湿地保全再生システムもこうした効果をもたらすものとして構想していく。

第4章　地域連携・協働による湿地保全再生システムの構築に向けて　　*87*

(3) 地域連携・協働の必要性

①地域連携とは

　地域連携という用語は、地域医療連携、大学教育等における地域連携などの用例があるものの、地域政策の分野において明確な定義がなされていないように思われる[5]。

　そこで、地域連携の定義について確認していく。本書における地域連携とは、「湿地をめぐる多様な関係主体（ステークホルダー）が、政策プロセスの各サイクル（Plan-Do-See）において行われる、政策目的達成のための多様な行為や作業を地域で連携・協働して取り組んでいくこと」である。

　ここで「多様な関係主体（ステークホルダー）」とは、特に湿地管理に責任のある政府機関や地域社会等で利害関係のあるグループに焦点を当て、湿地の管理に対して個別の利害を持っていたり、貢献したりすることができる人々や団体を指すものとする（決議Ⅶ.8 付属書段落 8 参照）。

　次に、「連携・協働」とは、a. 地方自治体をはじめとする地域の多様な関係主体（ステークホルダー）による協働・連携の他、b. 都道府県による市町村の補完と c. 複数の市町村間による連携の 3 つを含むものとする。

　また、本書で想定している地域連携の地域的な形態イメージは、序章図 3 のとおりであり、これには「湿地周辺の地域連携」と「湿地間の地域連携」の 2 つがある。

　前者の湿地周辺の地域連携は、湿地とその周辺水田等を含むエリアにおける関係主体（ステークホルダー）の連携により、湿地の生態学的特徴を保全再生し、渡り性水鳥をはじめとする多様な動植物の生息地を確保していくためものである。

　渡り性水鳥は、国境や特定の地域を超えて長距離の移動を行い、季節によって繁殖地、中継地、越冬地という異なる生息地の間を移動している。季節によって異なる生息地を利用するため、生息地が 1 箇所でも生息環境が悪化すると移動する水鳥全体全体に影響する。このため、後者の湿地間の地域連携は、渡りの経路（フライウエイ）にあり、相互に補完関係にある湿地（周

88　第1部　水循環の保全再生に関する計画の管理・評価のあり方

辺地域を含む）を擁する複数の地域が、モニタリングとその情報共有、生息地の減少、悪化などに同一歩調で取り組むための地域連携である。

②地域連携・協働とその必要性

第3章では、主に渡り性水鳥とその生息地（繁殖地、中継地、越冬地）の保護という課題の性格から、広域の地域連携（湿地間の地域連携）の必要性等について検討してきた。これに対して、本章では、湿地保全管理計画の策定、実施、評価を中核とする地域連携（湿地周辺の地域連携）の必要性について、以下では、3つの視点から考察していく。

第1に、湿地生態系の機能に関する生態学的な知見は、自然科学の知見や技術の進展によって随時見直しを余儀なくされる。このため、順応管理的視点や予防的アプローチを念頭においた対応が必要となる。こうした科学的不確実性のある政策の形成、展開を行うには、様々なリスクや不確実性について、地域の関係主体の理解を得ていくことなど、合意形成が図られ、政策プロセスの信頼性確保の観点からの必要性である。

第2に、前章でみた、地域戦略等の湿地保全に関する行政計画（湿地保全管理計画）を策定する際には、「目指すべき環境像」（計画目標）の設定が重要な課題となる。この際には、当該湿地の生態学的特徴を保全するための目標と、その目標達成に効果的な手段を構想する必要がある。また、遵守すべき環境基準の水準を始めとした規制措置や、関係主体が取組むべき環境配慮行動などについても検討されなければならない。

この際ラムサール条約の示す義務等[6]を参照する必要があるが、各種指針等は湿地生態系の保全・再生に取り組む際に採るべき考え方やアプローチなどを指示する。しかしながら、これらは法規範としての役割よりも、ガイドラインとしての色彩が強いため、一般性、多義性、抽象性を内包しているようにも見える。この様な性格は、締約国の社会経済状況や課題の発現形態が異なるため、やむを得ない側面があるものの、当該地域や湿地の状況に即して、条約の示す義務等を読み替え、具体化していく必要がある。こうした取り組みは地域連携により対処していくことが、湿地の保全管理を有効なもの

としていくであろう。

　第3に、湿地の賢明な利用が求められ、湿地生態系の保護と利用のバランスを考慮すべきことが要請されている。生態学的特徴に影響を及ぼさない賢明な利用（wise use）の具体的な態様は必ずしも明確ではなく、当該地域や湿地の状況に即して具体化されていく必要がある。この際、ステークホルダーには各地域の生活世界に存在している環境に関する伝統、知識、経験を反映していく役割が求められている。

　しかし、湿地の環境保全を巡っては、地域開発、湿地の慣行的利活用、自然保護の間でしばしばその方向性に関して対立が生じ、意識や利害関係の違いによって摩擦が生まれ、時には紛争へと発展するケースもある。

　この対立の根底には、地域の共有資源である湿地をどのように管理・利用していくことが適当であるのか、また、その費用（対価）を誰が負担するのかという問題が存在しているのである。これらの問題の解決には、地域レベルでの参加・連携・協働の基盤となるシステムの確立がまずもって必要と考えられる[7]。

　つまり、「湿地保全管理計画」の策定（Plan）とともに、計画に定められた対策の実施（Do）、評価（See）と、これらの前段として必要とされる湿地生態系のモニタリングが、地域連携の文脈においてどのようになされるべきか、ということが重要な課題となる。この課題に対応するものが、本章で構築を目指している地域連携・協働による湿地保全再生システムである。

3　「地域連携・協働による湿地保全再生システム」構築に向けた視座

　湿地の保全再生のための基本的なプロセスを整理すると、①湿地の生態学的特徴の把握、②目標の設定、③保全再生手法の決定、④ステークホルダーの明確化、⑤実施組織づくり、⑥組織内の意思決定、⑦保全再生の実施、⑧実施結果の評価とフィードバックという諸段階に区分が可能である。

90　第1部　水循環の保全再生に関する計画の管理・評価のあり方

　これまで②から⑧までを視野に入れた、参加型の計画策定のあり方、さらには、湿地の保全再生活動（協働）の実態に対する実証分析や、湿地保全管理計画の成果を把握するための研究は、ほとんど行われていない状況にあるように思われる。

　そこで、本章では、これら未解明の課題のうち、ステークホルダーが協働して、湿地の保全再生に取り組んでいくための仕組み（地域連携・協働による湿地保全再生システム）を構築していく上で、必要となる視点を検討していくことにする。

(1) 地域連携・協働システム構築に向けた課題

　ステークホルダーとは「特に湿地管理に責任のある政府機関や地域社会及び先住民社会内で利害関係のあるグループに焦点を当て、湿地の管理に対して個別の利害を持っていたり、貢献したりすることができる人々」を指すもの理解されている（決議Ⅶ.8 付属書段落8参照）。

　湿地を巡るこうしたステークホルダーには、行政、専門家、地域住民、地域住民等によって組織された団体などがあるが、マクロ、メソ、ミクロという問題認識の違いがあり、それぞれの立場や利害関心から湿地の保全再生に関与し、保全再生のための様々な働きかけを行っている。

　湿地の保全再生を目標とする協働システムを構築していく上において、多様な利害関係者による地域資源管理を行う仕組み（協治）の設計指針を検討する井上（2009）の見解が参考となる。

　具体的には、①住民自治の程度、②対象とする資源の境界の明確化、③段階的なメンバーシップ、④応関原則（commitment principle）、⑤公正な利益分配、⑥二段階のモニタリング、⑦二段階の制裁、⑧入れ子状の紛争管理メカニズム、⑨行政の変革、⑩「信頼」の醸成という10の原則を掲げている（井上, 2009, pp. 11-19）。

　井上の見解は、コモンズ論から協治を創り上げるための原則を詳細に提示しており、地域連携・協働による湿地保全再生システムを構築していく上

で、重要な視点を提供するものと評価することができる。しかしながら、井上自らも述べているとおり、これらの原則はあくまでもプロトタイプであり、その適用可能性や実現可能性の検討が必要であり、協治によって生じる問題とその克服などの課題が未解決のまま残されている。

　湿地の共同管理を行う上で大きな障害となるのは、「何が問題なのか（課題設定）」、「いかに解決するべきなのか（解決手法の選択）」、さらには「湿地の目指す将来像（ビジョン）をどのようなものとするのか（目標・水準）」という点について、必ずしもステークホルダーの間で認識が一致しない点である。

　こうした認識（状況定義）のずれを克服していくことが地域連携・協働を行う上で重要な課題となるが、その解決にはステークホルダーの間において、湿地の保全再生に必要なコミュニケーションを豊富化していくことが有効である。このことにより、各主体の多様性と多元性を活かす形で、より普遍性のある問題認識と湿地の保全再生に関する解決策を発見していくことが可能となる。

　ステークホルダー間のコミュニケーションを充実させ、地域連携・協働を促進していくためには、各主体をつなぐ公論形成の場の確立と、環境の現状把握、課題の設定、解決手法の選択、目標・水準の設定にあたっての共通基盤となる「環境指標」の開発が必要となる。以下では、これらの課題について検討を加えていく。

(2) マルチステークホルダー・プロセスの活用

　地域連携・協働による湿地保全再生システムを構想していく上において、地域連携・協働をどのような形態のもの（場）として具現化すべきであろうか。本書では、この点について、地方自治体において活用が広がりつつある、マルチステークホルダー・プロセスに着目していくことにしたい。

　マルチステークホルダー・プロセス（Multi-stakeholder Process：MSP）とは、「平等性を有する3主体以上のステークホルダー間における意思決定、合意形成、もしくはそれに準じる意思疎通のプロセス」と定義される（内閣府，

2008, p. 1)。

このうち「ステークホルダー間における平等性」とは、MSPにおけるあらゆるコミュニケーションにおいて、各ステークホルダーが平等に参加し、自らの意見を平等に表明できるということであり、また、相互に平等に説明責任を負うことと解される。「意思決定、合意形成、もしくはそれに準じる意思疎通」とは、政策決定から共通認識の形成、実績的な取組に向けての合意、ステークホルダー間のパートナーシップやネットワーク形成に至るまでを幅広く含むもの」と解される（内閣府, 2008, p. 1）。

つまり、MSPとは、多様なステークホルダーが対等な立場で参加した対話と合意形成のプロセスを指す。これは1987（昭和62）年の通称「ブルントラント委員会報告書」で提唱されたことを嚆矢とし、国際社会の多様な場面で活用されてきている。

我が国では、「社会的責任に関する円卓会議」（2009（平成21）年3月設立）において提唱されており、例えば、事業者団体、消費者団体、労働組合、金融セクター、NPO・NGO、専門家、政府といった、広範かつ多様な担い手（ステークホルダー）が、「協働の力」で問題解決に当たるための「新しい公共」の枠組みとして、活用が進展した。

これは、2010（平成22）年10月8日に閣議決定された緊急総合経済対策において、「『新しい公共』の自立的な発展の促進のための環境整備」を進めることとされ、同年11月26日に補正予算（予算額87.5億円）が成立し、内閣府による「新しい公共支援事業」が2011（平成23）年度から2012（平成24）年度までの2か年間が実施された。

この支援事業のうち、「新しい公共の場づくりのためのモデル事業」においては、「多様な担い手が協働して自らの地域の課題解決に当たる仕組み（マルチステークホルダー・プロセス）の下、NPO等、地方公共団体及び企業等が協働する取組を試行する事業」であり、「地域からの提言をもとに、NPO等と都道府県・市区町村が連携して、地域の諸課題の解決に向けた先進的な取組」が支援対象となり、各地域において地域課題の解決に向けた取組みが多

数展開された。

例えば、茨城県では、2011（平成23）年度から2012（平成24）年度までの2か年間で15事業を採択し、「千波湖水質浄化のための環境モデル事業」等を実施している。

千波湖水質浄化のための環境モデル事業は、水戸の偕楽園に隣接する千波湖への流入水の窒素濃度軽減を目標とした市民協働によるビオトープ（湿地帯）づくりに取り組んだものである。

事業の成果として、千波湖畔ハナミズキ広場にビオトープを完成させたほか、約30％の窒素削減や生息水生生物の増加などの効果を確認している。今後は、千波湖にビオトープづくりを行い、協働による管理や、継続的な水質浄化活動を予定している（茨城県, 2013, pp. 90-91）。

こうした萌芽的な取り組みは、地域連携・協働による湿地の保全再生を考えるうえで、重要な参考情報と評価することができるが、他の事例においてもMSPを基本していくことが有用であろうことが推察される。

(3) 環境指標を中核とした地域連携・協働システム

環境指標（environmental indicator/index）は「自然環境そのものおよび、人為的（時には自然的）な原因によって生じた環境状態の変化が、人間の生活と生存にもたらす各種の利害を定量的に評価する尺度」と定義される（内藤・西岡・原科, 1986, p. 28）。

環境指標は当初「環境の状態」（sate of the environment）つまり、環境の質を捉え、表現することが中心であったが、「環境の状態、その変化の原因となる人間活動や環境への負荷の大きさ、環境問題への対策などについて、可能な限り定量的に評価するものさし」（森口, 1998, p. 99）との定義に見られるように、最近では、環境の質の測定、分析に加え、環境対策の評価にまで指標の対象範囲が拡大している。

環境基本計画における環境指標の活用状況をみると、環境の現状把握だけでなく、対策の進捗状況や成果の把握を始め、広範な目的で使われている。

94   第1部　水循環の保全再生に関する計画の管理・評価のあり方

　また、環境指標は環境問題に対する認知、理解、合意形成、意思決定に用いられる基本的かつ有効なツールとなっている（林, 2011）。

　本章で焦点をあてている湿地保全管理計画との関係で環境指標の役割を整理すると、「湿地の環境状態やこれを踏まえた目標（将来の環境の姿）の具体的表現を行う役割」と、関係主体による「取り組み成果についての定量的評価の基準」としての役割が期待されている。

　これら2つの機能を担う環境指標体系を具体化していくことは、主に「湿地周辺の地域連携」の基礎となる、湿地保全管理計画の管理評価を行う基盤を整備する意義をもつ。また、指標からもたらされた政策評価結果情報をMSPで活用することは、効果的な対策を実施することと、計画の実効性を高めることに寄与していくことが期待できる。

　すなわち、住民やNPOなどのステークホルダーに対しては、評価対象に対する理解が深まるなど、地域連携・協働の準備を助ける意義をもつとともに、当事者意識や責任感が醸成されることにより、評価情報の活用度合い（実用性）を高め、湿地の保全再生政策の各プロセスへの積極的な参加につながるであろう。

　また、政策決定者や政策実施者に対しては、ステークホルダーとのMSPプロセスによる対話を通じて、政策プロセスの各サイクルにおける意思決定に必要な情報を具体的な形で入手することが可能となる。これは、ステークホルダーの生活世界に由来する伝統、知識、経験から、自らの政策を見直す契機となり、湿地保全再生政策の改善策や新たな課題を発見していく端緒となるであろう。

　つまり、評価システム[8]とMSPを統合した地域連携・協働による湿地保全再生システムは、地域連携・協働の有効性の向上に寄与するとともに、十分なリソースをもたない地方自治体においても2つの総合性を実現する重要なツールとなるのである。

　また、環境指標（評価指標）や基準の検討は、湿地の保全再生政策を見直す契機となり、各地域の湿地のあり方など、価値や規範に関する議論が不可

避の課題となるため、各湿地の保全再生のためのガバナンスの確立にも寄与していくことが期待されるのである。

4　おわりに

本章では、ラムサール条約の示す義務等を地域レベルで実現し、より効果的な湿地保全再生政策を実施していくため、地域連携・協働を促進する基盤の確立が重要な課題となっていることを指摘した。特に、本章では、関係主体（ステークホルダー）の地域連携・協働システム構築のための基礎的課題として、MSPのフレームワークと環境指標を統合していくことが有用であることを指摘した。

しかし、本章は、湿地の保全再生における連携・協働の仕組みづくりを行う上での第一歩となる粗々な論考に過ぎない。このため、湿地保全再生活動の成果等を把握するための指標群の具体像とその体系化、湿地保全再生におけるMSPの具体像、政策評価情報活用に向けた課題等については、他日を期することとしたい。

1) 本論文で引用している各決議の和訳については、環境省HP（ラムサール条約と条約湿地）掲載資料（http://www.env.go.jp/nature/ramsar/index.html［2016.9.26 取得］）によった。
2) 決議Ⅶ.8 付属書は、「参加」という言葉の意味合いの広さ（単なる協議から管理権限の委譲まで）と地域にも多様な状況があることを指摘し、資源管理における地域住民及び先住民の参加は、『参加型管理』として知られる一般的な管理アプローチの範疇に入ることを示しているが、必ずしもその具体像を明示していない。
3) 本答申は、http://www.soumu.go.jp/main_sosiki/singi/chihou_seido/singi.html［2018.1.17 取得］によった。
4) 連携中枢都市圏などの先行研究については、自治実務セミナー 2016 年 7 月号「特集　連携中枢都市圏」、都市問題 2015 年 2 月号「特集 2　自治体間連携を考える」、都市問題 2017 年 8 月号「特集　都道府県・市町村関係」所収の諸論考を参照。
5) 地域医療連携とは「地域の医療機関が自らの施設の実情や地域の医療状況に応じて、医療機能の分担と専門化を進め、医療機関同士が相互に円滑な連携を図り、その有する機能を有効活用することにより、患者さんが地域で継続性のある適切な医療を受けられるようにするもの」と理解され、大学教育における地域連携とは「大学教育等における研究、教育、学生活動、キャンパスづくりなどにおいて地域・社

会との協力関係の構築」と理解されているようである。

6) 本書では、wise use をはじめ、条約の中核的理念（指導的理念）や、条約本文の示す義務規定に加え、締約国会議等において蓄積されてきた、条約の解釈や奨励としての勧告的性質をもつ決議、勧告、指針、原則宣言、基準等を「ラムサール条約の示す義務等」と定義している（序章を参照）。

7)「わたらせ未来基金」の代表世話人である青木章彦氏は、渡良瀬遊水地におけるワイズユースを促進していくため、「河川管理者を中心に、NGO（行政や治水、環境保護、スポーツ）などの渡良瀬遊水地に関係する各主体の連絡調整の場となる協議会の設置を強く提言したい」（東京新聞 2013.6.29「渡良瀬ラムサール登録 1 年（OPINION・だんろん）」記事）としており、本書の問題意識と共通した考え方を述べている。

8) 評価システムの具体像は参加型評価手法を念頭に置いている。参加型評価の基礎概念や実践例については、源（2016）を参照されたい。

第 2 部

条約の国内実施をめぐる
諸問題の考察

第5章　条約湿地のブランド化と持続可能な利用
——「ワイズユース」定着に向けて

1　はじめに

　近年、地域ブランドへの関心と期待が高まっている。地域ブランドには、既にブランド価値を持っている「大間まぐろ」といった特産品、「江戸切子」といった伝統工芸品、「湯布院温泉」、「おかげ横丁（伊勢市）」といった観光資源から、「くまモン」などのゆるキャラ、「富士宮やきそば」などのB級グルメという新たな取り組みまで、様々なものがある。

　こうした地域ブランドを活用した地域の持続的な発展（地方創生・再生）に関する取り組みが全国的に展開されている。

　地域ブランドは、必ずしも統一的な意味内容を持つ概念ではないが、おおむねその目的は、従来企業分野で発展してきたマーケティングやブランドの概念・技法を、地域特産品の販売や観光地への誘客に応用することでその市場規模の拡大を目指し、ひいては地域活性化や地域再生に資することにある（谷本 , 2011, p. 108）。

　地域ブランドへの関心の高さの背景には、人口減少時代を迎えて、若年層の都市への流出や地域間格差の拡大が進展するなど地方自治体の厳しい現状がある。このため魅力的な観光地として地域全体をブランド化し、誘客を促進することや、地域産業（地場産業）の新たな振興手段として、地域資源のブランド化を図ることにより、地域経済の持続的発展につなげようとする期待がそこにはうかがえるであろう。

　昨今では、ラムサール条約湿地（Ramsar Sites）の観光資源化や地域ブラン

ド化を期待する言説や、観光誘客のための取り組みなどが見られるように
なってきている。

　本章は、こうした中で、ラムサール条約湿地の自然環境に支えられた、地
域の農産物等の特産品による地域資源ブランドづくり、具体的には、冬期湛
水水田（ふゆみずたんぼ）によるブランド米づくりに焦点を当て、"wise use"
とラムサール条約湿地ブランド化の関連について検討するものである。この
ため、水鳥をはじめとする野生生物の生息地等の保護を目的とするラムサー
ル条約が示す "wise use" の概念と、地域ブランド論の本質的な意義や性格
を探究し、その上で、"wise use" を促進していくための地域政策として、地
域ブランドづくりにどのように取り組んでいったらよいのかについて検討し
ていくものとする。

2　条約湿地のブランド化への期待と懸念

(1) 問題の所在
①ラムサール条約の示す義務等
　ラムサール条約は、国際的に重要な湿地を登録簿に登録し、それらの保全
を促進し、自国内の全ての湿地の "wise use" を促進するための計画策定や、
保護区を設定し、湿地及び水鳥の保全を促進することなどを締約国の重要な
役割としている。

　同条約は、現在では広く用いられるようになっている持続可能な利用
（Sustainable Use）の概念を条約採択当初から "wise use" として取り入れて
いる。

　いわゆる条約の3本柱は、この "wise use" の他、湿地の保全、CEPA（対
話（広報）、教育、参加、啓発活動）の3つである。このうちCEPAとは、
"Communication, Education, Participation and Awareness" の略称であり、
湿地の「保全・再生」と "wise use" を支え促進するための対話（広報）、教
育、参加、普及啓発活動をいう。湿地の保全と "wise use" を進めていくた

めには、利害関係者を含むさまざまな人々に、湿地の価値と機能を対話（広報）、教育、普及啓発していくことが重要であることをCEPAは示しているのである。

②条約湿地の観光資源化・ブランド化への期待

ラムサール条約湿地は国際的に重要な湿地として独特の景観を備え、水鳥をはじめとする希少な動植物の存在、湿地の歴史や伝統文化の蓄積など、魅力的な観光の目的地となる。このため、観光振興や地方創生の中核となる地域資源として、ラムサール条約湿地への期待が高まっている。

条約の所官庁である環境省は、登録による地元のメリットとして、ラムサール条約湿地の登録をきっかけとして、当該湿地が国内外から注目を集め、レクリエーションや観光の対象としての活用が期待されること、地域の水産物、農産物にラムサール条約湿地の自然環境に支えられた特産品として「ラムサールブランド」という付加価値がつくことが期待されると説明している[1]。

こうした認識を背景に、地域の持続的な発展（地方創生）に向けて、ラムサール条約湿地の観光資源化や地域ブランド化を期待する言説や、観光誘客のための取り組みなどが見られるようになってきている。

例えば、2015（平成27）年5月には、群馬県の芳ヶ平湿地群、茨城県の涸沼、佐賀県の東よか干潟、肥前鹿島干潟が新たに条約湿地として登録されたが、この際には次のような言説や対応が見られたところである。

芳ヶ平湿地群が新規登録された際には、「芳ヶ平湿地群のラムサール条約湿地の登録は、本県にとっても、大変意義深く、誠に名誉なことである。この登録を契機に、自然環境が一層保全されるとともに、地域の観光の振興にも繋がることを期待している」[2]との群馬県知事コメント（平成27年5月29日）が表明されている。また、大洗町長は「5月28日には，涸沼が世界的に重要な湿地の保全を目指す『ラムサール条約』に登録されました。登録により環境保全はもとより，大洗町の地域ブランド力や認知度の向上，地域活性化の起爆剤として期待されます」[3]との認識を示している。

こうした言説の背景には、人口減少時代を迎えて、若年層の都市への流出

102　第2部　条約の国内実施をめぐる諸問題の考察

や地域間格差の拡大が進展するなど地方自治体の厳しい現状がある。地域の持続的発展を模索する中で、観光地としてのブランド形成と観光誘客による地域の活性化策、さらには、地域産業（地場産業）の新たな振興手段として、国際的に重要な湿地との位置づけをもつラムサール条約湿地に対する期待の一端を示すものといえよう。

　さらには、ラムサール条約湿地を活用した観光振興の具体的な取り組みが緒に就いたことが報道されている。その一例を挙げると、鉾田市、茨城町、大洗町は涸沼（ひぬま）がラムサール条約湿地に登録されたことを受け、「ラムサール条約登録湿地ひぬまの会」を設立している。同会の設立総会では、3市町が連携して環境保全や観光振興などを図ることを確認したほか、涸沼のホームページや観光情報誌の作成などを通じて、涸沼に関する情報を中心に各市町の観光名所や宿泊施設、飲食店などを紹介することを決めている。このほか、一般客や旅行業者を対象とする各種モニターツアーを実施し、観光ルートの開発や地域資源の掘り起こしを図ることを盛り込んでいるとの報道がある[4]。

　また、佐賀市は東よか干潟がラムサール条約に登録されたことを受け、東よか干潟と三重津海軍所跡（世界文化遺産登録）を経由する臨時バスを運行し、観光客にアピールすることにより、三重津海軍所跡と東よか干潟を観光振興の起爆剤としていくとの報道がある[5]。

　こうした例だけでなく、ラムサール条約湿地での自然観察会やエコツアーなどの取り組みは、条約の柱であるCEPAを促進するものと評価できる側面を持つ。

　しかし、ラムサール条約湿地自体の地域ブランド化や観光地化など地域振興の取り組みは、湿地のもつ生態学的特徴とそこからもたらされる生態系サービスへの影響が懸念される。つまり、ツーリズムは湿地がもたらす数多くの生態系サービスの一つに過ぎないのであり、湿地やその周辺におけるツーリズムの持続可能性を確保することが湿地の健全性向上につながること、それによって他の生態系サービスも維持されるという点にも留意してお

くことが大切である（環境省2012, p. 4）。こうした視点から見ると地域ブランド化の流れと"wise use"との関係について十分な考察が必要と思われる。

③先行研究と本章で検討する問題

過度の観光地化による自然環境への影響問題は、これまでオーバーユース問題を中心に議論がなされてきた。具体的なラムサール条約湿地のオーバーユースへの対応としては、尾瀬周辺地域におけるマイカーなどの乗り入れ規制、代替措置としてのバス運行、尾瀬沼、尾瀬ヶ原等の山小屋の完全予約制等が著名である。最近の新聞報道によれば、ラムサール条約湿地である慶良間諸島も類似の問題に直面している[6]。

こうした過度の観光地化によるオーバーユース問題をはじめ、ラムサール条約湿地と観光、地域ブランド化に関する先行研究を整理すると、各湿地の特徴を整理、紹介するもの（環境庁1990、環境省2015）のほか、韓国のラムサール条約湿地の観光化を分析するもの（浅野 , 2013a）、観光化のトレンドがつくられていく中で、前提となる潜在的利用者の意識やラムサール湿地に対するイメージを市民意識調査により確認するもの（浅野他2013b、浅野他2015）、沖縄県と和歌山県の比較を通して、ラムサール条約指定と地域経済の活性化について検討するもの（齋藤 , 2015）などがある。また、ラムサール条約湿地を直接取り扱ったものではないが、国立公園等におけるオーバーユース問題を始め、観光化による自然への影響を議論するもの（小林・愛甲編 , 2008）、屋久島（世界遺産）における自然保護活動と観光利用の軋轢を分析したもの（朝格吉楽図・浅野 , 2010）、自然資本の過少利用問題を議論するもの（河田 , 2009）などがあるが、ラムサール条約湿地の観光資源化・ブランド化に関する研究は蓄積が豊富なものとは言えない状況にある。

一方、2012（平成24）年7月に開催された第11回締約国会議（ブカレスト）では、湿地におけるツーリズムなどに関する決議（「ツーリズム、レクリエーション、湿地」決議XI.7）が採択されている。

この決議はツーリズムやレクリエーションのための政策及び計画に湿地の価値及び湿地の"wise use"の観点を盛り込むことや、ツーリズムや湿地保

104　第2部　条約の国内実施をめぐる諸問題の考察

全及び賢明な利用に携わる関係者が緊密に連携していくことを求めるものである。この決議においては、生物多様性条約、国際自然保護委員会／自然保護区域世界委員会、世界遺産条約の各ガイドラインが参照されている[7]。

　本章で取り上げる問題は、ラムサール条約湿地の地域ブランド化に向けた取り組み事例として、条約湿地とその周辺地域から産み出される農産物等の地域資源ブランドづくりを取り上げ、ラムサール条約が示す"wise use"の概念との関連について検討するものである。課題の検討に先立ち、まずは地域ブランド登場の背景とその概念について概観を加えていくものとする。

(2) 地域ブランド登場の背景
①外来型開発から内発的発展への転換

　わが国の地域開発においては、全国総合開発計画の拠点開発方式に典型的にみられるように、公共事業や補助金を導入して、大型インフラの整備など産業活動基盤の整備を先行的に行い、企業を域外から誘致する、政府主導の「外来型開発」が進められてきた。

　しかし、誘致企業と地元企業が有機的な産業連関を形成せず、地域経済の拡大生産につながりにくいことから、多くの地元産業・企業が衰退して地域経済の活力が低下しただけでなく、地域の自然環境、歴史的資源、文化的遺産が消失の危機にさらされ、公害・環境破壊や地域のコミュニティ機能自体が崩壊しつつあるなど、外来型開発の欠陥が顕在化している。

　外来型開発の限界と問題点を克服する中で開発理論が模索され、従来の政府主導による開発に対置するものとして、地域の有する資源の活用に根ざした地域住民主体の開発をすすめる形で提起されたのが「内発的発展（論）」である。

　内発的発展（論）に基づく地域振興策の代表例として、大分県の「一村一品運動」が著名である。一村一品運動は、1979（昭和54）年、当時の平松守彦大分県知事により提唱され、各市町村がそれぞれひとつの特産品を育てることにより、地域の活性化を図ろうとしたものである。この運動は、国内の

他地域における過疎振興策として取り組まれただけでなく、国際協力機構（JICA）の青年海外協力隊を通じて、タイ王国、ベトナム、カンボジア等の海外にも広がりを見せている。

　しかし、一村一品運動は地域振興の経済理論として、a.特産品の単品開発に終わらせる理論構造があり、地域経済全体を対象とする産業政策論としては限界があること、b.域内産業連関の追及や域内経済循環の拡大策が理論的に用意されていないため、地域経済振興政策として完結しないこと、c.対立する都市と農村を連結・連帯させる理論に欠けていて、地域発展の展望を必ずしも与ええないことが弱点であるとの指摘がなされている（保母，1990, p. 335）。

②地域間競争の激化と地方創生への対応

　近時では、地域特有の農産物や加工品の販路拡大にとどまらず、国内外の産地間、地域間競争が激化していることを背景に、地域資源（農産物・海産物、地場産業の加工品等の特産品、歴史や文化、自然、観光地等）を積極的に活用して、これらの地域資源を柱としつつ地域全体をブランド化することにより、地域経済や地域産業の活性化を図ろうとする動きが盛んになりつつある。

　特に、人口減少と少子高齢化時代を迎えて、若年層の都市への流出や地域間格差の拡大を背景に、地域の持続的発展に寄与する地方創生のための取り組みが進展しつつある。そこでは、地域の農産物や加工品のブランド化による農業の付加価値を高める取り組みや、定住人口・交流人口の増加、拡大に向け、地域の魅力発信など知名度やイメージ向上に向けた取り組み（シティセールス）などが、地方自治体だけでなくNPOなど地域の様々な主体によって展開されている点に昨今の取り組みの特徴がある。

(3) 地域ブランドの概念とその展開

①地域ブランドとは

　地域ブランドの対象は、地域の特産品から観光地、都道府県や市町村を始めとした地域の様々な側面に至るまで多種多様にわたるものが地域ブランド

として議論されている。

　地域ブランドとは、一般的に「地域が特性として持っている資源すなわち農水産物・特産物・産業・自然・景観・歴史・文化財・伝統・芸能・名所・史跡・まち並み・イベント・その他の地域社会の特性などを全体としてイメージ形成した名前、デザイン、用語、シンボルその他の特徴」であると定義されている（白石, 2012, pp. 18-19）。

　元来、ブランド（Brand）という言葉は、英語で「焼き印を押す」という意味の"Burned"から派生したものである。近代的な商業活動につながるブランディング（Branding）の起源は、中世ヨーロッパのギルド社会にあり、商業ギルドが、品質を保証するために商標（Trade Mark）を用いたのがその始まりとされる。現代的な意味での「ブランド」とは、「自社製品を他メーカーから容易に区別するためのシンボル、マーク、デザイン、名前など」のことを指し、「ブランディング」とは、「競合商品に対して自社製品に優位を与えるような、長期的な商品のイメージの創造活動」のことと理解されている（小川, 2006, pp. 13-15）。

　つまり、競合するものから「識別する」こと、「差別化する」ことを意図したものがブランドであり、ブランドは品質を保証し、価値の提供を約束することによって、顧客との長期的な関係を取り結ぶための手段となる。

　本来的に差異性に乏しい農林水産物のブランド化においては、その背後にある「地域性」の打ち出し方こそが差異化のポイントとなる（青木 2004, p. 14、青木 2008, p. 18）。つまり、各地域の特性そのものが、他の観光目的地や物産品と差別化する要素となる。それゆえラムサールブランドの意図するところは、特産品や観光地などの地域資源のブランド化を行う上での核となる「地域性」の中身をラムサール条約湿地の属性に求めているといえよう。

②地域資源ブランドと地域ブランド

　地域ブランドを開発し、発展させるためには「地域資源ブランド」と「地域ブランド」に区分して考えることが重要である（白石, 2012, pp. 18-19）。

　「地域資源ブランド」とは、地域特性の資源をもとにして販売目的をもっ

第5章　条約湿地のブランド化と持続可能な利用　*107*

て作り出された農産物やその加工品、工芸・産業品などの「財」や、景観・芸能・イベントなどの「サービス」であり、いずれも販売を志向するという意味で商品である（白石, 2012, pp. 18-19）。

　地域ブランドをより適切に保護し、地域経済の持続的な活性化につながるものとして 2006（平成 18）年に「地域団体商標制度」が創設された。地域団体商標は地域名と商品・役務名から構成されるもの（例：釧路ししゃも、しろいの梨など）であるが、2015（平成 27）年 12 月 31 日現在、587 件が登録されている。地域団体商標として登録されている商標例としては、地域の農林水産物、古くからそのブランド価値を認められてきた「伝統工芸品」、地域おこしの一環として近年盛り上がりをみせている、いわゆる「ご当地グルメ」や「Ｂ級グルメ」と呼ばれる食品類や、温泉や商店街といったサービスなどがあり、地域資源ブランドはこうした例により理解することができる。

　これに対して「地域ブランド」とは、地域のイメージそのものをブランドとして捉えたものである。地域全体のイメージを包み込んだ財・サービスが地域資源ブランドであるのに対して、当該地域の自然、歴史、文化、伝統に根差している地域全体の価値を象徴したイメージをブランドと捉え、地域のイメージを強化に取り組もうとするものである（白石, 2012, pp. 18-19）。

　つまり、ある地域を製品におけるブランドのように見立てて、地域名とその実態である地域に対して、人々が何らかの付加価値を感じ、「その地域の商品を買いたい」、「その地域に行ってみたい」、「その地域に住んでみたい」などと思う状態、ないしはそういう状態にある場所として地域を位置づけるものである（白石, 2012, p. 35）。

　こうした企業ブランド構築の戦略や手法を地域ブランド構築に応用、参照して展開する公共政策は「地域ブランド政策」と呼ばれている（初谷, 2006, pp. 58-70）。

　地域ブランド政策の好事例として、伊勢市の取り組みがある。伊勢市は伊勢神宮の門前町として全国屈指の集客数を誇っていたが、お伊勢参り観光客の伊勢市内における滞在時間の短さが課題となっていた。このために取り組

まれた、おはらい町通りとおかげ横丁における地域再生（門前町の活性化）は、地域ブランドを活かした民間主導による地域活性化事例として広く知られるところである。この取組みは、お伊勢参りで賑わった江戸時代末期から明治時代初期の内宮門前町の町並みを再現するとともに、伊勢うどん、赤福餅、おかげ犬グッズを始めとした、伊勢ブランド商品を販売、提供することにより参拝後の観光誘客や回遊性の向上を実現している。

こうした事例をはじめ、前述した、地方創生のための、地域の農産物や加工品のブランド化による農業の付加価値を高める取り組みや、定住人口・交流人口の増加、拡大に向け、地域の魅力発信など知名度やイメージ向上に向けた取り組み（シティセールス）は、地域のブランド化を基礎とするものといえよう。

③条約湿地の観光資源化・ブランド化への懸念

地域ブランドの展開にあたっては、前述した2つのブランドを同時に高めることにより、地域活性化を実現する活動すること、つまり、地域の商品・サービスによるブランド化がイメージを強化し、地域イメージの強化が新たな商品・サービスを生み出す連続的な展開していくことこそ、地域の持続的な発展や活性化につながると考えられる（稲田, 2012, pp. 38-39）。

ラムサール条約湿地の地域ブランド化に向けた取り組み、ないしは条約湿地とその周辺地域から産み出される農産物や海産物等の地域資源ブランドづくりは、こうした好循環の確立を企図するものと言え、新たな地域経済や地域産業の活性化手法として期待されるところである。

しかし、地域ブランド化や観光地化の中で確固としたイメージを与えられ人々の選択の対象となる地域は、まさに「商品化」されていることになる。地域自体が商品化（「場所の商品化」）されるなかにあって、地域の文化などの諸要素も商品化される。諸要素はメディアによってブランド化し、人々の選択の対象となり、現実に貨幣と交換されて消費されることになる[8]。

こうした性格を持つ観光地化、地域ブランド化は湿地の生態学的特徴にどのような影響をもたらすのか、観光地化、地域ブランド化の下で、湿地の提

第5章　条約湿地のブランド化と持続可能な利用　*109*

供する生態系サービスにどの様な変化をもたらすのか慎重に見極めていく必要がある。この問題を考える手掛かりとして"wise use"の概念を確認していくことから始めていく。

3　条約湿地のブランド化と"wise use"

(1) "wise use"概念の変遷

ラムサール条約は"wise use"を中核的な概念として採用しており、この用語は条約2条6項、3条1項、6条2項 (d)、6条3項に登場する[9]。

具体的には、2条6項は「各締約国は、その領域内の湿地につき、登録簿への登録のため指定する場合及び登録簿の登録を変更する権利を行使する場合には、渡りをする水鳥の保護、管理及び適正な利用についての国際的責任を考慮する。(*Each Contracting Party shall consider its international responsibilities for the conservation, management and wise use of migratory stocks of waterfowl, both when designating entries for the List and when exercising its right to change entries in the List relating to wetlands within its territory.*)」と規定している。

また、3条1項は「締約国は、登録簿に掲げられている湿地の保全を促進し及びその領域内の湿地をできる限り適正に利用することを促進するため、計画を作成し、実施する。(*The Contracting Parties shall formulate and implement their planning so as to promote the conservation of the wetlands included in the List, and as far as possible the wise use of wetlands in their territory.*)」と規定している。

"wise use"の概念は、条約上において特に定義はなく、湿地の生態学的特徴に影響を及ぼさない範囲ではあるが、湿地の提供する食料、燃料、繊維などの産物を採取することや、湿地のもたらす肥沃な土壌や良質な水を利用することを禁止又は規制をしていない。この概念は締約国会議等における検討を経てその定義が具体化されている[10]。

1980（昭和55）年、第1回締約国会議（カリアリ）においては、"Wise use"が「保全のみでなく持続可能な開発の基礎としての湿地の生態学的特質の維

110   第2部　条約の国内実施をめぐる諸問題の考察

持」を含むものとして解釈されることを勧告している。また、1987（昭和62）年、第3回締約国会議（レジャイナ）においては、湿地のワイズユースに関する分科会が開かれ、次のとおり定義している。

　　「湿地の賢明な利用（wise use of wetlands）とは、生態系の自然特性を変化させないような方法で、人が湿地を持続的に利用すること（*The wise use of wetlands is their sustainable utilization for the benefit of humankind in a way compatible with the maintenance of the natural properties of the ecosystem*）」と定義した（勧告Ⅲ.3 附属書）。

　この中で、「持続可能な利用（Sustainable utilization）」を「将来の世代の必要や希望に沿うようにその潜在能力を維持しつつ、現在の世代の最大の継続的利益をもたらすであろう湿地の人間による利用（*Sustainable utilization is defined as "human use of a wetland so that it may yield the greatest continuous benefit to present generations while maintaining its potential to meet the needs and aspirations of future generations".*）」と定義している。

　また、「生態系の自然的特性（Natural properties of the ecosystem）」を「土壌、水、植物、動物および栄養物のような物理的、科学的または生物的な構成要素ならびにそれらの相互関係のことである（*Natural properties of the ecosystem are defined as "those physical, biological or chemical components, such as soil, water, plants, animals and nutrients, and the interactions between them".*）」と定義している（勧告Ⅲ.3 附属書）。

　その後、2005（平成17）年、第9回締約国会議（カンパラ）において、上記の定義は改訂され、新たな定義がなされている。すなわち、国連の「ミレニアム生態系評価（MA）」の枠組みの中における「賢明な利用」の位置づけを、生物多様性だけでなく人類の健康と貧困削減を長期にわたって確実に維持するための生態系の恩恵／サービスの維持のことであるとし、生物多様性条約が適用している生態系アプローチと持続可能な利用の概念、そして、1987

（昭和62）年の「ブルントラント委員会」で採択された持続可能な開発の定義が考慮され、次のように新たな定義を提示している。

> 「湿地の賢明な利用（Wise use of wetlands）とは、持続可能な開発の考え方に立って、エコシステムアプローチの実施を通じて、その生態学的特徴の維持を達成すること（"*Wise use of wetlands is the maintenance of their ecological character, achieved through the implementation of ecosystem approaches, within the context of sustainable development.*"）」との新たな定義がなされている（決議IX.1 付属書 A.22）。

この中で、湿地の生態学的特徴を「生態学的特徴は、ある時点において湿地を特徴付ける生態系の構成要素、プロセス、そして恩恵（人々が生態系から受け取る恩恵）／サービスの複合体である（"*Ecological character is the combination of the ecosystem components, processes and benefits1/services that characterize the wetland at a given point in time.*"）」と定義している（決議IX.1 付属書 A. 15）。

また、湿地の生態学的特徴の変化を「条約第3条2項を履行する目的にとって、生態学的特徴の変化とは、あらゆる生態系の構成要素、プロセス、または生態系のもたらす恩恵／サービスの、人為による否定的な変化のことである（"*For the purposes of implementation of Article 3.2, change in ecological character is the human-induced adverse alteration of any ecosystem component, process, and/or ecosystem benefit/service.*"）」と定義している（決議IX.1 付属書 A. 19）。

ここで「持続可能な発展の文脈で」という句は、いくつかの湿地において確かに開発は不可避であり、多くの開発によって重要な恩恵が社会にもたらされているとしても、本条約の下に取り組まれてきたアプローチによって持続可能なやり方で開発を行うことができることを認識するために挿入された。すべての湿地にとって「開発」が目的であるとすることは適切ではない、と注記している。

この様にラムサール条約締約国会議は、「湿地の賢明な利用（wise use of

wetlands)」の概念を発展、深化させてきている[11]。

2015（平成27）年、第12回締約国会議（プンタ・デル・エステ）において採択された「ラムサール条約戦略計画2016 — 2024」は、今後の条約の実施のベースとなるものであるが、「全ての湿地の保全及びワイズユース」をMission（条約の使命）とし、「湿地が保全され、賢明に利用され、再生され、湿地の恩恵が全ての人に認識され、価値付けられること」をVision（長期目標）としている。更に「湿地の損失及び劣化の要因への対処」、「ラムサール条約湿地ネットワークの効果的な保全及び管理」、「あらゆる湿地のワイズユース」、「実施強化」を4つのGoal（目標）とし，さらに19のTarget（個別目標）を掲げている[12]。

以上のとおり、ラムサール条約の中核的な概念となっている「湿地の賢明な利用（wise use of wetlands）」は、湿地の生態学的特徴、つまり、ある時点において湿地を特徴付ける生態系の構成要素、プロセス、そして恩恵（人々が生態系から受け取る恩恵）乃至はサービスの複合体に対して、人為による否定的な変化をもたらさない方法や速度による、湿地の持続可能な利用について容認しているのである。

(2) "wise use" を取り巻く課題の諸相

湿地の賢明な利用の具体的形態は、各国によって異なり、発現している問題への対処法も異なるものがある。開発途上国の経済成長や日々の生計を立てる上で農業は、欠くことのできないものである。しかし、湿地の提供する食料、燃料、繊維などの産物の過剰採取や、湿地からの過剰な取水や干拓など、湿地の生態系サービスを利用しすぎる場合においては、持続性や湿地の生態学的特徴が損なわれる過剰利用問題が発生しその解決が求められる。

2008（平成18年）年、第10回締約国会議で採択された「人間の福祉と湿地に関する昌原（チャンウォン）宣言」（決議X.3付属書）においては、「湿地のもたらす恩恵は人類の将来的な安全に必要であり、湿地の保全と賢明な利用は人々、特に貧困層にとって不可欠である」こと、「湿地の賢明な利用、管理、

そして再生が、人々の生活改善の機会を構築するよう実施されるべきである。特に湿地に生計を依存している人々、社会から取り残された人々、社会的弱者のために実施されるべきである。特に社会に取り残された弱者の人々の生活に対して、湿地の务化は悪影響を及ぼし貧困を悪化させる」ことを懸念している。

　こうした過剰利用については、農業が湿地の生態系サービスに与える影響を減らすための生産、管理手法や規制手法など、有限の自然資源を持続的かつ最適に利用する方策（地域政策）の考察と実施が必要となるであろう。

　これに対し、湿地との関係が希薄化しつつある我が国においては、過少利用問題の観点からの検討が必要となると思われる。

　この問題は、人間による自然資本の利用（人為的かく乱）の減退つまり、人間による適度な利用がなくなったり、管理がなされなくなることにより、景観や生態系の構成諸要素間の関係がいびつになり、特定の種が極端に増え、他の種が局所的に減少したり、絶滅したりする。その結果、自然資本や生態系サービスが減少し、多面的機能が損なわれるという問題である。こうした過少利用に対しては、当該自然資本の価値の認識、需要の喚起、産業振興などが必要となることが指摘されている[13]。こうした観点から言えば、CEPAの取り組みはもとより、「湿地の賢明な利用（wise use of wetlands）」を前提とした持続可能な利用が求められているといえよう。

(3) 条約湿地における地域ブランド化の取り組み事例の分析

　地域ブランドの目指す目標は、特産品や観光地のブランド化による経済発展にとどまるものではなく、その視点は、ブランド化によって地域に人々を引き寄せ、地域の持続的発展の原動力を高めること、地域への誇りや愛着の創造による地域の持続的発展に寄与していくことにある（電通編 2009, p. 4）。

　つまり、地域ブランドを開発し、広く販売して地域の財政や住民の所得を増やし、また雇用を増加させる。そのことによって、地域住民の経済生活を豊かにすることが可能となるのであり、地域ブランドへの期待の第1は、地

域全体にもたらす経済的な利益を得ることにある。第2は、地域ブランドの構築とその市場化を通じて、地域住民相互の連帯感や共感を醸成して地域コミュニティを構築することである（白石, 2012, pp. 23-24）。

本節では、ラムサール条約湿地とその周辺環境に支えられた農産物等のブランド化に向けた取り組みのうち、冬期湛水水田（以下「ふゆみずたんぼ」という。）を分析していく。

一般的な米づくりでは、稲刈りが終わった後の田んぼには翌年の田植えの時期まで水を入れない乾田化が一般的である。これに対して、通常水を抜いている冬期間においても水を張っておく米づくりの方法が「ふゆみずたんぼ」である。この技術は近代技術ではなく、元禄時代（1684年）の会津藩内村の佐瀬与治右衛門によって著された「会津農書」によるものであり、「田冬水（たふゆみず）」という名称により、ふゆみずたんぼの記述がなされている[14]。

ふゆみずたんぼは、湿田のまま水田を管理することにより、農薬と肥料の投入を抑えることを可能とし、生物多様性に資する農法の1つとして注目されている。本章では、ふゆみずたんぼから産出されるブランド米に着目し、地域資源ブランド化への取り組みを紹介、分析するとともに、地域政策学の観点からみた課題について分析を加えていく。

①冬期湛水水田（ふゆみずたんぼ）とブランド米づくり

現在、各地域に広がりを見せ始めた、ふゆみずたんぼが取り組まれている理由を分類すると次のとおりとなる[15]。

a.渡り鳥等の生息・生育環境の改善、提供

第一に、水田を冬期間湛水し、田んぼを疑似湖沼として管理することにより、湿地に依存するガン、鴨、ハクチョウなどの水鳥（渡り鳥）のねぐら、休息地、採食地を拡大するなど、渡り鳥の越冬地を分散化するが可能となる。また、コウノトリのエサとなるカエルなど多様な生物の生息地として水田を利用するため、ふゆみずたんぼの取り組みが行われている。

ふゆみずたんぼの取り組みにより創りだされた疑似湖沼化した水田は、日

本に渡ってくる水鳥にとって、これまで失われてきた沼沢地を補完する環境として重要な役割を果たすことが期待されている。

b. 生物多様性に配慮した営農活動

第二に、営農面での理由、つまり、ふゆみずたんぼには、生きものの働きよる土づくりや雑草、害虫の抑制効果など、次のような効果が期待されていることから取り組まれている[16]。

ア）土づくり：水を張った田んぼの中では、イトミミズなどの微小な生きものが、慣行栽培に比べて多く発生し、稲の切り株やわらは微生物によって分解される。イトミミズの出すフンは田んぼの土の表面に積もり、目の細かい、トロトロとした層（トロトロ層）を作る。トロトロ層の中では、有機物が養分としてイネの根に吸収されやすい状態になっている。また、休息や採食に訪れるガン・カモ類の渡り鳥の糞にはリン酸や窒素が多く含まれ、水田の微生物の繁殖に効果的で、有効な肥料分を得ることが可能となる。

イ）雑草対策：イトミミズは有機物を食べて分解し、微生物の活性化した糞を出す。このが糞がきめ細かな粒子の土の層となる。1年で約10cm近く堆積し、雑草の繁茂抑制に貢献している。つまり、土の表面にある雑草の種がフンの層の下に埋め込まれ、芽を出しづらくなることが判明している。

ウ）害虫対策：イトミミズやユスリカの幼虫などの微小な生きものは、オタマジャクシやヤゴなど他の生きもののエサになり、成虫になったユスリカはクモ類のエサになる。こうしてカエルやトンボ、クモなどが増えると、カメムシなどの害虫を食べてくれる。

ふゆみずたんぼの第二の特徴は、こうした生物の働きを再生、利用することにより、肥沃な土づくりや、雑草・害虫被害を抑制する効果が見られる点にある。つまり、減農薬、減化学肥料、無農薬、有機栽培などを基本とし、安全・安心な食糧生産や生物多様性の保全を可能なものとする点でも注目される。

c. ふゆみずたんぼ米のブランド化

以上のとおり、ふゆみずたんぼの取り組みは「湿地の賢明な利用」に資す

るものと評価できる。現在、蕪栗沼・周辺水田（宮城県）をはじめ、円山川下流域・周辺水田（兵庫県）、片野鴨池（石川県）、宮島沼（北海道）、渡良瀬遊水地（栃木県他）など、条約湿地の区域内やその隣接地に水田を含むタイプの条約湿地を中心に、ふゆみずたんぼでとれたお米を高付加価値の「ふゆみずたんぼ米」（地域ブランド資源）として販売し、鳥と人が共生できる地域づくり（地域ブランド化）への取り組みが見られる。

　ふゆみずたんぼは、蕪栗沼や周辺水田における環境保全や渡り鳥との共生による取組みを嚆矢としている。一部の地域では、鳥類との共生を目指す農山村地域への普及活動を進めており、兵庫県豊岡市の「コウノトリを育む農法」、新潟県佐渡市の「トキと暮らす郷づくり～生き物を育む農法」など、地域連携による生きもの共生型農業の普及・啓発事業に取り組んでいる[17]。

　農林水産政策研究所調査は、ふゆみずたんぼを始め、生物多様性に配慮した米生産の取り組み事例全般について整理し、生物多様性保全に関する属性が高付加価値に結びついているのか調査、検討を行っている[18]。この調査によると生物多様性に配慮した農産物生産の事例（生き物マーク米）は全国で37事例が確認されている[19]。

　生き物マークの例は、図5―1のとおりであるが、水鳥をはじめ生物多様性の保全に寄与し、安全安心な生産・栽培方法により栽培されたお米であることを示すなど、ブランド価値をイメージさせ、印象づけるものとなっており、各地域のブランド米の象徴となるものと評価できるであろう。

②条約湿地とふゆみずたんぼの取り組み

　前述した、農林水産政策研究所調査から、ラムサール条約湿地と周辺農地で取り組まれている事例を抽出、整理し、その概略的な傾向を把握するために作成したものが表5―1である。

　ラムサール条約湿地との関連を確認していくと、No1～No6の「ふゆみずたんぽ米」等は、主に「蕪栗沼・周辺水田」とその周辺地域（宮城県大崎市、栗原市、登米市）における取組みであり、保全対象種はマガン、ヒシクイ等となっている。No7の「加賀の鴨米ともえ」は、「片野鴨池」とその周辺地域

図5—1 生き物マークの活用例

出典）滋賀県庁（魚のゆりかご水田米）、たじり穂波公社（ふゆみずたんぼ米）、豊岡市（コウノトリの舞）の各ホームページから転載[20]。

（石川県加賀市）における取組みであり、保全対象種はトモエガモ等、ガン・カモ類となっている。No8の「コウノトリの舞」は「円山川下流域・周辺水田」とその周辺地域（兵庫県豊岡市他）における取組みであり、保全対象種はコウノトリである。No9の「魚のゆりかご水田米は「琵琶湖」とその周辺地域（滋賀県野洲市、東近江市、米原市）における取組みであり、保全対象種はニゴロブナ等である。

　この他、農林水産政策研究所資料には含まれていないが、「宮島沼」とのその周辺地域（北海道美唄市）や「渡良瀬遊水地」とその周辺地域（栃木県小山市）においてもふゆみずたんぼに取り組んでおり、それぞれ「えぞの雁米」、「ラムサールふゆみずたんぼ米」としてブランド化を推進している[21]。

　③ふゆみずたんぼと地域経済の活性化
　表5—1の生産農家数及び栽培面積については、1戸の農家が0.3haほど

118　第2部　条約の国内実施をめぐる諸問題の考察

表5—1　条約湿地周辺地域における「ふゆみずたんぼ」の取り組み状況

	生産地			ブランド名	生産農家数（戸）	栽培面積（ha）	精米小売価格	慣行米との価格差	開始年度	販路
1	宮城県	大崎市	田尻伸萌	ふゆみずたんぼ米	10	20	2,800円/5kg	810円/5kg（1.41）	2004	首都圏、地場産直売所の店舗販売、通販、飲食店等
2			三本木・下宿	ヒシクイ米	1	1.8	2,500	510（1.26）	1997	雁の里親会員、家族等に直送
3			加美町等	雁音米	150	471.4	1,800〜3,500	−150〜510（0.90〜1.26）	1997	関東と関西を中心に全国（産直、通販会社、自然食品店、外食産業等）
4		栗原市・登米市		雁の里米	2	1.55	2,500	220（1.1）	1991	全国に産直販売
5		栗原市	築館・迫	伊豆沼オリザ米	4	4.5	1,916〜2,500	−364〜220（0.84〜1.09）	2004	東京、仙台、岩手（個人、東京の有機米問屋）
6		登米市	南方町	はつかり米	1	1.2	4,000	—	1992	産直（インターネット）、業務用
7	石川県	加賀市	下福田	加賀の鴨米ともえ	1	0.3	2,980	580（1.24）	1996	産直、市内販売
8	兵庫県	富岡市、養父市、朝来市、新温泉町		コウノトリを育むお米 コウノトリの舞	148	189.4	2,980（減農薬）3,480（無農薬）	490〜990（1.20〜1.40）	2003	JA直売、関東及び関西の米殻店・スーパー・生協
9	滋賀県	野洲市、米原市、東近江市		魚のゆりかご水田米	—	43	2,412〜3,759	0〜1,905（1.00〜1.96）	2007	JA直売、関東及び関西の米殻店・スーパー・生協

出典）農林水産政策研究所調査の資料を著者が部分抜粋し、著者が加筆、修正した。

の面積で取り組んでいる所から、150戸が集まり471.4haの規模で取り組むものまで様々であった。

次に、米の小売価格については、5kgあたり2,500～3,800円の価格帯が多く、中には4,000円/5kgのものまであった。慣行米（同一地方の慣行栽培により生産された米）との価格差を比較すると、5kgあたり1,900円以上（1.95倍）の価格差がある一方で、価格差のないものや慣行米が上回るものもあったが、総じて高価格のブランド米として販売され、農家の収入安定化に小規模ながらも貢献しているものとみることができる。

販路については産直販売が多いものの、有機米問屋、スーパー、外食産業への流通があった。表5─1には含まれていないが、「世界各地・国内各地で行われている湿地保全の取り組みはいろいろあるが、我々の湿地保全のキーワードは『ふゆみずたんぼ』。お米を食べて、日本の湿地を明日へと残そう！」というキャッチフレーズのもと、宮島沼の「えぞの雁米」、片野鴨池の「加賀の鴨米ともえ」、蕪栗沼の「ふゆみずたんぼ米」を共同販売する取り組みが試みられている[22]。

ふゆみずたんぼの取り組みは、生物多様性保全の意義や、湿地をめぐる様々な課題が広く認識される契機となることから重要である。今後は、ふゆみずたんぼを実施する農家や水田の増加が課題となる。また、販路開拓は当該ブランド米が売れることにより直接的な経済効果をもたらすものであり、さらなる販路の開拓が必要になるものと思われる。

(4) ラムサールブランド構築に向けた地域政策の課題

地域資源ブランドは、地域ブランド構築における位置づけから、「送り出すブランド」と「招き入れるブランド」という二つのタイプに大別できる（青木, 2004, p. 17）。すなわち、農水産物や加工品ブランドは、首都圏をはじめとする域外での消費を前提に作り出され送り出されており、当該地域に関する情報発信に寄与するとともに、地元に富をもたらす。一方、観光地のブランドは、域外から観光客を招き入れ、人々の経験や感動を生み出すととも

に、地元ににぎわいと富をもたらす（青木, 2004, p. 17）。

　ブランドは品質を保証し、価値の提供を約束することによって、顧客との長期的な関係を取り結ぶための手段である。そのため、価値を担保するシステムはブランド構築における必須条件となる。ふゆみずたんぼ米について言えば、品質の維持と価値担保のためのしくみづくり（送り出すブランドのための取り組み）が、地域政策の今後の課題となろう。

　具体的には、米の高付加価値の基礎となる、冬期湛水や減農薬、減化学肥料、無農薬、有機栽培など、生物多様性の保全に資する栽培法方法の規格化や認証制度が必要になると思われる。また、生産から販売までの戦略的な取り組みが必要であり、販路の開拓と併せ、安心安全に資する栽培方法や水鳥を始めとした生物多様性保全の取り組みを消費者に周知していく必要がある。

　これに対して「招き入れるブランド」づくりの観点からは、CEPA（対話（広報）、教育、参加、啓発活動）の具体化、つまり、ラムサール条約湿地での自然観察会やサステイナブルツーリズム[23]などの実施が、地域政策の当面の課題となろう。

　地域ブランド構築の最終目標が地域の活性化にあるとするならば、これら2つのタイプの地域資源ブランドが有機的に連関し、ヒト、モノ、カネ、情報が活発に循環していくことが望ましいであろう（青木, 2004, p. 17）。

　もっとも、こうした取り組みは「湿地の賢明な利用（wise use of wetlands）」が前提とされなければならない。ここでは湿地の生態学的特徴、つまり、ある時点において湿地を特徴付ける生態系の構成要素、プロセス、そして恩恵（人々が生態系から受け取る恩恵）乃至はサービスの複合体に対して、人為による否定的な変化をもたらさない方法や速度による、湿地の持続可能な形のもののみ容認しえることは言うまでもないであろう。

4　おわりに

　本章は、地域の持続的な発展（活性化）に向けて、ラムサール条約湿地の

観光資源化や地域ブランド化を期待する言説や、観光誘客のための取り組みなどが見られるようになってきている中において、条約湿地の自然環境に支えられた、地域の農産物等の特産品による地域資源ブランドづくりに焦点を当てた。具体的には、冬期湛水水田（ふゆみずたんぼ）によるブランド米づくりを分析事例として、条約湿地の地域ブランド化に向けた取り組みと "wise use" との関連について検討を行った。

その結果、水鳥をはじめとする野生生物の生息地等の保護を目的とするラムサール条約が示す「湿地の賢明な利用（wise use of wetlands)」は、湿地の生態学的特徴、つまり、ある時点において湿地を特徴付ける生態系の構成要素、プロセス、そして恩恵（人々が生態系から受け取る恩恵）乃至はサービスの複合体に対して、人為による否定的な変化をもたらさない方法や速度による、湿地の持続可能な形での観光地化や、ブランド化のみ容認しえることを指摘した。

本章は2次的資料による考察が中心となっており、現地調査等によりさらに課題の把握を行い、議論を深めていきたい。なお、本章に関連する「水田と一体となったラムサール条約登録湿地の保全と活用」については、第7章を参照されたい。

1) 環境省資料「ラムサール条約と条約湿地─湿地の恵み・豊かな暮らし─」(p. 8) の Q&A において「ラムサール条約湿地に登録されると、地元にとって何か得になることはありますか?」との設問に対する回答として、本文中に記載した内容の説明がなされている。また、群馬県庁 HP [http://www.pref.gunma.jp/04/e2300273. html]（2016年9月24日取得）や串本町観光協会 HP [http://www.kankou-kushimoto.jp/miryoku/ramusarru.html]（2016年9月24日取得）においても同旨の説明が掲載されている。
2) 群馬県庁 HP「知事コメント」[http://www.pref.gunma.jp/chiji/o6000001.html] （2016年9月24日取得）
3) 大洗町 HP「全町が公園らしく美しいまちづくり（平成27年7月)」[http://www.town.oarai.lg.jp/viewer/print.html?idSubTop=3&id=2038&g=554]（2016年9月26日取得）。また、地域情報誌「ぱぺる（茨城県北・中央地区情報誌)」においては、「涸沼のラムサール条約湿地登録を図り、地域経済の活性化を目指す」との記事が掲載され（2015.1.28 配信)、条約湿地登録前ではあるが、小林宜夫茨城町長名により、「『ラムサールブランド』により地場産業を振興。かつては、涸沼の豊かな自然を求め、釣り客やシジミ採り、野鳥観察など人々が多く訪れ活気に満ちていましたが、

今では、観光ニーズの多様化や涸沼の環境悪化など社会状況の変化により、以前の賑わいとまではいかない状況にあります。現代は自治体間競争の時代と言われ、観光業や農業など地場産業が厳しい時代を勝ち抜いていくためには、地域ブランドを確立させる必要があります。このためにも、県や関係市と連携し涸沼のラムサール条約湿地登録を実現させ、これをきっかけに『ラムサールブランド』として、町の知名度向上や地場産業の振興が図られるよう、今後、関係団体の協力を得ながら推進していきます。」との一文を掲載している〔http://paperu.jp/〕(2016年9月26日取得)。

4) 産経新聞 2016.1.14,07:10 配信記事「観光振興へ『ひぬまの会』設立　ラムサール条約登録受け茨城町など3市町」。

5) 佐賀新聞 2015.6.2,10:00 配信記事「佐賀市、観光起爆剤へ臨時バス　世界遺産とラムサール結ぶ」。

6) 産経新聞 2015.6.20,14:00 配信記事「【総支局記者コラム】国内3位のラムサール湿地となった「慶良間」に突きつけられる観光と環境の両立」。すなわち、「慶良間諸島海域はサンゴ礁を中心とした多様な生態系も評価され、昨年3月5日（サンゴの日）、31番目の国立公園に指定され（林注：併せて、ラムサール条約湿地の登録面積も拡大され）た。これが起爆剤となり、観光は活況を呈している。昨年（2014年）の那覇から渡嘉敷村への乗船客数は10万9980人で、前年よりも約1万人増えた。同じ慶良間諸島の座間味村にも、前年比約1万2千人多い、9万2107人の観光客が訪れた。（略）地元の住民に話を聞くと観光客の急増に不安も抱えている。渡嘉敷ダイビング協会の平田春吉理事長は『サンゴや魚に悪影響もある』と話す。悪影響の兆候は表れており、観光客の増加に伴い浅瀬で踏みつけられるサンゴが増えた。ソーセージなどで魚を餌付けする観光客も目立ち、奇形につながりかねない。また、渡嘉敷村によると、国立公園に指定されて以降、すでに中国や台湾、韓国からの観光客も増えている。外国語で自然保護を啓発する掲示板を増やすことが、急務という。渡嘉敷村などは、希少なサンゴの生息する区域への立ち入りを制限する条例の制定も検討中だが、規制強化は観光客離れを招くとの反対論がある。一方、那覇から日帰りが可能で、観光客が増えても経済効果は小さいため、観光よりも自然保護を重視すべきだとして、条例で厳しい規制を求める声も上がっている」。

7) 決議 XI.7,10 では、生物多様性条約の “Guidelines on Biodiversity and Tourism Development” (2004)、国際自然保護委員会／自然保護区域世界委員会の “Sustainable tourism in protected areas: guidelines for planning and management” (2002)、世界遺産条約関連では “Managing tourism at World Heritage Sites: a practical manual for World Heritage site managers” (2002) などが参照されている。

8) 観光化と地域の商品化については、杉浦（2008, pp. 218-219）の議論を参照した。

9) 第6条2項は「締約国会議は、次のことを行う権限を有する」とし、「(d) 締約国に対し、湿地及びその動植物の保全、管理及び適正な利用に関して一般的又は個別的勧告を行うこと。(to make general or specific recommendations to the Contracting Parties regarding the conservation, management and wise use of wetlands and their flora and fauna;)」と規定されている。また、同条3項は「3　締約国は、湿地の管理につきそれぞれの段階において責任を有する者が湿地及びその動植物の保全、管理及び適正な利用に関する1の会議の勧告について通知を受けること及びこれらの者が当該勧告を考慮に入れることを確保する。(The Contracting Parties shall ensure that those responsible at all levels for wetlands management shall be

informed of, and take into consideration, recommendations of such Conferences concerning the conservation, management and wise use of wetlands and their flora and fauna.)」と規定している。なお、本章におけるラムサール条文の各条文及び和訳は全て環境省 HP〔http://www.env.go.jp/nature/ramsar/conv/1.html〕（2016 年 9 月 26 日取得）掲載の条約訳文（公定訳）により、下線は著者が付している。

10）"wise use" の概念の変遷は、Matthews（1993, 和訳 pp. 71-76）、Ramsar Convention Secretariat（2016a, pp. 37-38）〔http://www.ramsar.org/resources/ramsar-handbooks〕（2016 年 9 月 24 日取得）を参照した。本論文で引用した全ての決議等（和訳）は環境省 HP〔http://www.env.go.jp/nature/ramsar/conv/3.html〕（2016 年 9 月 26 日取得）掲載の資料によった。

11）"wise use" の訳語は教科書（磯崎 2000, pp. 79-81、畠山 2006, p. 200、西井編 2005, pp. 70-71 など）では、「賢明な利用」を当てている。これに対して、環境省 HP 掲載の条約訳文、国際条約集（有斐閣・2016 年版）に掲載のラムサール条約訳文、『国際環境法』（和訳 2007, pp. 699-704）においては「適切な利用」の訳語を当てている。外務省 HP の条約解説では「湿地の適切な利用（wise use、一般的に賢明な利用と呼ばれることもある）」としている。また、英語表現「ワイズユース」がそのまま使われることもある（Matthews, 1993 和訳 pp. 71-76）。この様に "wise use" の訳語には差異が見られ、適用の際にもたらす具体的な相違については不明であるが、環境省 HP 掲載の条約解説、決議等の和訳においては「賢明な利用」が用いられており、本章も「賢明な利用」の訳語によるものとする。

12）Ramsar Convention Secretariat（2016b）によった。

13）過少利用問題とその対応については、河田（2009, pp. 24-25）を参照した。

14）第 9 回日本水大賞解説「環境大臣賞」活動内容によった〔http://www.japanriver.or.jp/taisyo/oubo_jyusyou/oubo_jyusyou_frame.htm〕（2016 年 9 月 26 日取得）。なお、蕪栗沼・周辺水田における「ふゆみずたんぼ」の取り組みを紹介、分析するものとして、呉地（2007）、武中（2008）、橋部（2008）、浅野（012）、宮城県大崎市（2014）などがある。

15）以下のふゆみずたんぼの取り組みの分類等は、（株）アレフホームページ「食材物語特別篇　ふゆみずたんぼ」〔http://www.aleph-inc.co.jp/fuyumizu/fuyumizu00.html〕（2016 年 9 月 24 日取得）によった。（株）アレフは、外食産業を営む企業であり、2006 年からふゆみずたんぼの北海道での適用可能性の実験栽培に着手し、実践を続けている。同社のふゆみずたんぼの取り組みは、橋部（2008）に詳しい。

16）宮城県大崎市（2014, p. 61-62）を参照。

17）宮城県大崎市（2014, p. 61-62）を参照。

18）「プレスリリース：生物多様性保全に配慮した農産物生産の高付加価値化に関する研究の公表について（農林水産省・平成 22 年 4 月 9 日）」の添付資料〔http://www.maff.go.jp/j/press/kanbo/kihyo01/100409.html〕（2016 年 9 月 24 日取得）によった。本章では、以下この資料を「農林水産政策研究所調査」と呼ぶものとする。

19）「生きものマーク」とは、農林水産業の営みを通じて生物多様性を守り育む取り組みや、その産物を活用した発信や環境教育などのコミュニケーション（必ずしもラベルを産物に貼ることを条件としているわけではない。）を行うことを推進する農林水産省の取り組みである。

20）各生き物マークは以下のホームページから転載した（2016 年 9 月 24 日取得）。
滋賀県庁（魚のゆりかご水田米）

[http://www.pref.shiga.lg.jp/g/noson/fish-cradle/yurikagosuidennmai.html]
たじり穂波公社（ふゆみずたんぼ米）
　　[http://www.honamikousya.com/index.php]
豊岡市（コウノトリの舞）
　　[http://www.city.toyooka.lg.jp/hp/genre/agriculture/index.html]

21）えぞの雁米については、「ふゆみずたんぼin宮島沼」[http://www.city.bibai.
hokkaido.jp/miyajimanuma//25_paddy/25_paddy.htm]（2016年9月24日取得）を
参照。ラムサールふゆみずたんぼ米については、小山市役所ホームページ「安全・
安心な環境にやさしい農業を目指して～ふゆみずたんぼ実験田5年目の取組み～
（2016年9月9日）」[https://www.city.oyama.tochigi.jp/gyosei/machizukuri/
hozenkojotaisaku/huyumizujikkenndenn.html]（最終検索日：2016年9月24日）を
参照した。

22）3つのラムサール条約湿地の連携による取組みは、[http://www.city.bibai.
hokkaido.jp/miyajimanuma/25_paddy/25_ramsar.htm]（2016年9月24日取得）を
参照。

23）サステイナブルツーリズムとは、ツーリズムを通して以下の事柄を確実にするこ
とと定義されている。a.環境を保護し、生物多様性の保全を支援する。b.受け入れ
側の地域社会、文化遺産と文化的価値を尊重する。c.安定した雇用、収入獲得の機
会、社会サービスをはじめとする社会経済上の便益を受け入れ側の地域社会のすべ
ての利害関係人に公平に分配する。特にc.は、地域住民に代替的な雇用と収入の機
会を提供し、自然環境の保全を支えようとする点が注目される（環境省, 2012, pp. 5
-6）。

第6章 有明海のラムサール条約登録湿地の
環境保全と地域再生

1 はじめに

　一般に、砂や泥が堆積した平坦な干潮帯（潮の干満に応じて干出と水没を繰返す場所）を「干潟」という。干潟が生態系の中において果たしている大きな役割は、河川から流れ込む有機物や栄養塩を蓄積する点にある。干潟が形成されると、砂や泥と一緒に有機物を堆積しやすくなり、沖に有機物が流れ出すスピードが緩やかになる。堆積した有機物は、干潟に棲む多くの生物のエサとなり、生き物自体が有機物の貯蔵庫となる。また、干潟に珪藻類が発生することで、栄養塩が固定される。この動的システムにより、干潟は莫大な有機物と栄養塩をせき止め、結果として海域の汚染を防ぐ役割を果たしている。さらに、干潟は有機物を地上に再び戻すルートも持っており、漁業を行う人間とともに、シギ・チドリなど干潟でエサをとる鳥類が主役となっている。こうした干潟の機能は、潮汐にともなう撹拌作用によって維持されている（大阪市立自然史博物館・大阪自然史センター編, 2008, p. 8）。

　干潟は、海域の汚染を防ぎ、生物多様性を維持していくうえで重要な役割を果たしているにも関わらず、平たん部の少ない日本では、農業用地や工業用地の確保のため開発の対象となってきた。こうした開発のための埋立てや、ダムや堰堤などの建設による川からの土砂供給の変化などにより、干潟は今日減少の一途をたどっている[1]。

　ラムサール条約湿地は、湿原、河川、湖沼、砂浜、干潟、サンゴ礁、マングローブ林、藻場、水田、貯水池、湧水地など多種多様な湿地が指定されて

126 第2部　条約の国内実施をめぐる諸問題の考察

いるが、本章では、このうち干潟タイプに注目していく。我が国における干
潟の条約湿地は、谷津干潟（千葉県）、藤前干潟（愛知県）、東よか干潟、肥前
鹿島干潟（佐賀県）、荒尾干潟（熊本県）、漫湖、与那覇、名蔵アンパル（沖縄県）
の8箇所が登録されている。

　このうち本章では、日本一の潮汐差を有し、日本の干潟の総面積の約
40％を擁する有明海に焦点をあて、平成27（2015）年5月28日、第12回条
約締約国会議（ウルグアイ）において、新たにラムサール条約湿地となった
「肥前鹿島干潟」、「東よか干潟」と、平成24（2012）年に条約湿地となった
「荒尾干潟」について検討、紹介したい。

　本章は、これら3つの干潟・河口域のラムサール条約登録湿地に焦点をあ
て、フィールドワークの記録紹介を行うとともに、湿地の環境保全と生物多
様性の確保、さらには登録湿地を活用した地域の再生方策について、地域政
策学の観点から基礎的な考察を試みるものである。

2　有明海の特徴と干拓の歴史

(1) 有明海の特徴と干潟の分布

　有明海は、熊本県、福岡県、佐賀県、長崎県に囲まれ、日本最大の干満差
（最大6m）を持つ内海である。湾口部（島原半島南端と天草下島の間の早崎瀬戸）
から湾奥（佐賀県と福岡県の沿岸水域）まで100kmも進入する細長い形状で、
海としては閉鎖性が高く、湾内への外洋水の流入と湾内水の流出は微弱であ
り、かつ湾内の潮汐差が大きいとの特色をもつ。

　有明海には、筑後川をはじめとする河川から栄養分に富んだ大量の土砂が
流れ込んでいる。こうした土砂は満ち潮により巻き上げられ、潮流によって
湾内を反時計回りに還流し、満潮時には海水が停止するため堆積し、広大な
干潟が形作られてきた。有明海の干潟面積は約2万haあるといわれ、日本
の干潟の総面積の約40％を占めている。引き潮時には、沖合数kmに達す
る広大な干潟が出現する場所もあり、そうした景観は「泥の地平線」とも称

第6章　有明海のラムサール条約登録湿地の環境保全と地域再生　　127

図6―1　有明海の干潟分布　　写真6―1　泥質干潟の例（六角川河口・芦刈海岸）

出典）http://www.wwf.or.jp/
activities/2009/09/623114.html

出典）林撮影（2015.11.28）

されている。

　干潟の分布をみると、図6―1のとおり、有明海の南部（大牟田市、荒尾市、玉名市、熊本市沿岸）には主に砂質の干潟が広がっている。また、北部（諫早市、鹿嶋市、佐賀市、柳川市沿岸）には、筑後川、六角川、塩田川などの河口を中心に泥質の干潟（写真6―1）が広がっている。本章で検討の対象とする、「東よか干潟」（佐賀市東与賀町）と「肥前鹿島干潟」（鹿島市）は泥質干潟であり、「荒尾干潟」（熊本県荒尾市）は砂質干潟に分類されている。

　有明海は、前述のとおり、閉鎖性的な内湾であり、湾全体の地形、潮汐周期との関係による潮位差など固有の環境条件から、ムツゴロウ、ワラスボなど、特産の海産生物が21種も知られ、準特産の種も40種以上あげられている。これら有明海の特産種、準特産種の多くは、同一種またはごく近縁な種が朝鮮半島や中国大陸沿岸部に広く分布しているため「大陸沿岸性遺存種」とも呼ばれている。

また、有明海の干潟では、サギ類、カモ類、シギ・チドリ類、カモメ・アジサシ類などの鳥類に出会うことができる。こうした鳥類にとって、干潟は渡りの重要な中継地、越冬地となっており、休息の場であると同時に、ゴカイ類、エビ類、カニ類、魚類などの生物が干潟に多数存在することから、重要な採食の場となっている（写真6－2、6－3参照）。有明海の泥干潟とその

写真6－2　採食するツクシガモ（東よか干潟）

出典）林撮影（2015.11.28）

写真6－3　採食するシギ・チドリ類（東よか干潟）

出典）林撮影（2015.11.28）

周辺の生態系の高い生物生産力は、これらの食物連鎖に負うところが大きいことが指摘されている。干潟は、生物多様性を維持していくうえでも重要な役割を果たしているのである。

(2) 有明海の干拓と干潟

佐賀県の近世以前における干拓の歴史は、元寇の直後まで遡ることができるといわれている[2]。

「降れば洪水、晴れれば干害」といわれる佐賀平野における利水治水の水利秩序を佐賀藩の草創期に確立し、土地を拓いたのは「成富兵庫茂安（なりどみひょうごしげやす）」である。成富は、土地の生産力を高めるための基盤整備と新田開発を行い、「治水の神様」とよばれている。江戸時代最大の海岸堤防である松土居は成富の指導によるものと伝えられている。松土居は1625年から65年頃の築造と推定され、延長30kmに及ぶ最大の潮受堤防であり、有明海の海潮侵入から藩内の土地を守り米の生産を安定させる防衛線であった。

佐賀藩は殖産興業政策の一環として、天明年間（1781～89）以後、有明海の干拓事業を本格的に推進している。特に、八代藩主・鍋島治茂は藩財政の強化を目的として、天明3（1783）年に藩の殖産興業機関として「六府方（ろっぷがた）」を設置し、その一部局として干拓事業を担当する「搦方（からみかた）」が設けられた。その主な任務は、農地干拓を指導援助し、零細な小搦の集積後、防潮堤防（潮土居）を補強し小搦集団の保全を図ることにあり、干拓によって五千町から六千町の新田を開発し、三万石程度の税収増を図ろうとするものであった。

藩当局の積極的な干拓政策により、農民は同志を集め搦の築造につとめ、農民干拓組合の長を「舫頭（もやいがしら）」といい、組合員を「搦子（からみこ）」と呼び、「武平搦」「清兵衛搦」などのように、個人名を付した干拓地は舫頭の名を冠したもので、その労苦を後世に伝えようとしたものと考えられている。

130　第2部　条約の国内実施をめぐる諸問題の考察

　搦方の指導により実施された事業例としては、六角川河口の白石地区では、天明4（1784）年9月から寛政2（1785）年に福富新搦がほぼ完成し、各地から移住者が入植して福富新村が誕生している。このように、佐賀藩では天明3（1783）年から21年間で、ほぼ百八十町五段（地米672石）あまりの新田が開発され、大阪に運ばれる廻米も五万石から七百万石あまりに増えたことが伝えられている。

　明治期以降も大規模な干拓が継続され、松土居の沖合1kmを干拓した大搦堤防（明治元年～4年築堤）や、それを延長した授産者搦堤防（明治20年～築堤）は、干拓の歴史を今に伝え、平成15年度土木学会奨励土木遺産に認定され、平成20年度第12回佐賀市景観賞を受賞している。

(3) ラムサール条約の示す義務の方向性

　ラムサール条約は湿地の保全、賢明な利用（Wise Use）、CEPA（広報、教育、参加、啓発活動）を条約の3つの柱としている。

　このうちCEPAとは、"Communication, Education, Participation and Awareness"の略称であり、ラムサール条約の目的である湿地の「保全・再生」と「賢明な利用（Wise Use）」を支え、促進するための「広報、教育、参加、普及啓発活動」をいう。湿地の保全と賢明な利用を進めていくためには、利害関係者を含むさまざまな人々に、湿地の価値と機能を広報・教育・普及啓発していくことが重要であることを示している。

(4) 有明海とその周辺地域が直面する課題

　有明海の一部である諫早湾では、大規模干拓事業のために1997年4月潮受堤防により閉め切られた。これにより約29k㎡の干潟（有明海の干潟約11％）が失われた。かつての干潟の上部が干拓地となり、下部は農業用水の確保を目的とした調整池（淡水の池）となった。

　この後、ノリの凶作、大規模な赤潮の変化、潮流の変化など「有明海異変」と呼ばれる現象が発生するようになった。また、調整池の水は塩分が相当含

第6章　有明海のラムサール条約登録湿地の環境保全と地域再生　　*131*

まれ、さらに高度に富栄養化しているため、流入河川の河口部を除いて干拓農地の野菜栽培には使えない状況にあるほか、調整池に繁茂したアオコが農業・漁業、住民生活を脅かしつつあることが社会問題化し、課題解決のための取り組みが継続している[3]。

　本章では、同じ有明海に位置する東よか干潟、肥前鹿島干潟、荒尾干潟の3湿地について検討の対象とする。このうち、東よか干潟と肥前鹿島干潟（鹿島市）はシギ・チドリ類の渡来地に、荒尾干潟（熊本県荒尾市）はクロツラヘラサギ、ツクシガモ等の渡来地に分類されており、いずれも海洋沿岸域湿地の干潟であるが、これらの湿地における CEPA のあり方を中心にケーススタディを行っていくものである。

3　有明海のラムサール条約湿地のケーススタディ

(1) 東よか干潟

　「東よか干潟」のある東与賀町は、2007 年（平成 19 年）10 月 1 日、佐賀市に編入され「佐賀市東与賀町」となった。同町は、佐賀市南部の有明海沿岸に広がる広大な穀倉地帯であるが、町域のほとんどが干拓により形成されている。同町は次のような干拓の歴史を経てきている[4]。

　「東与賀の歴史は干拓の歴史です。東与賀が自然的に、また、人為的に陸地化された初めがいつの時代かは明瞭ではありませんが、鎌倉時代の末期（1300 年頃）はまだ陸地化していなかったと推測されます。

　天文 22 年（1553 年）龍造寺隆信が筑後から佐嘉に帰還した際に、川副町鹿江崎から上陸しており、その時、船津、実久、上町、下飯盛の村長の協力を得たとの史実があります。このことから。1500 年頃は、上町、下飯盛を結ぶ線が海岸線ではなかったかと思われます。

　1600 年頃の戦国時代末期になると、作出・住吉・大野あたりまで陸地化されたと考えらえられます。作出（作土井）は、その名が示すように村の中道が東西に連なる海岸堤防で、この横デー（土居）は作出の西から南に折れ

て新村の西に曲がり、住吉・大野に向かっていました。この堤防は、ウランデー（裏土居）ともいい、櫨の木が植えてあったといいます。

江戸時代になると、藩主の力によって堤防が築かれるようになってきました。江戸時代最大の海岸堤防である松土居は寛永（1624〜43年）から寛文（1661〜72年）の間、とくに1625年頃から1665年頃にかけて構築されたと推定されています。この松土居は川副町犬井道から有明町廻里津に至る長大な潮受堤防で、藩内の土地を有明海の海潮浸入から守り、領内の米の石高を安定させる防衛線でした。

藩政以降の本格的な干拓は、松土居の外で行われました。仙右衛門搦、勘兵衛搦、権右衛門搦というよう舫頭名（もやーがしら・組合長）のついた2〜3ヘクタール以内の干拓が多く、これらは魚のうろこ状に並んでいました。

明治時代以降になると、干拓は次第に大型化していきました。明治4年（1871年）には大搦、明治20年（1887年）には授産社搦が起工しています。

大正15年（1926年）には、面積313ヘクタールに及ぶ大授搦が起工しています。この大授搦は、3つの工区から成り、第一工区の起工から約8年間の年月を費やし、昭和9年（1934年）全工区が耕地化しています。また昭和3年（1928年）戊辰の年に戊申搦46ヘクタールが完工し、さらに戊申搦の南に第二戊申搦55ヘクタールが、昭和37年（1962年）に完成し、現在の東与賀の姿になっている。」

①条約湿地の概要と特徴

東与賀干拓（大授搦地区）の南に広がる泥干潟が、ラムサール条約湿地「東よか干潟」である。同干潟は本庄江と八田江に挟まれた河口部と海岸にある。本庄江（本庄江川）と八田江（八田江川）は、嘉瀬川の派川であるが、江湖（えご）と呼ばれ、干潟の澪筋が自然陸化や干拓の中で川の形となって残ったものである。佐賀平野の用排水路の役割を担う感潮河川である。

東よか干潟の概要は、表6—1のとおりであるが、シギ・チドリ類の集団渡来地として、鳥獣保護管理法の国指定鳥獣保護区と特別保護区域に指定されており、ズグロカモメ、クロツラヘラサギ、ホウロクシギなど絶滅危惧種

表6―1　東よか干潟の概要

```
名称：東よか干潟
位置：佐賀県佐賀市東与賀町（北緯33度10分、東経130度15分）
標高：－2.5m～1m
面積：218ha
保護制度：国指定鳥獣保護区特別保護区域
該当する国際登録基準
  2（絶滅のおそれのある種や群集を支えている湿地）
  4（動植物のライフサイクルの重要な段階を支えている湿地）
  6（水鳥の1種または1亜種の個体群で、個体数の1％以上を定期的に支えている湿地）
```
出典）環境省（2015）p.48を部分加筆。

を含む水鳥類の国内有数の渡りの中継地、越冬地となっている。

　環境省が実施している「モニタリングサイト1000」シギ・チドリ類調査においては、2014年春期のシギ・チドリ類の飛来数は11,665羽であり、全国で最も多い結果となっている。

　海岸堤防上にある東与賀海岸展望台からは、シチメンソウの群落とその後方に広がる干潟が一望できる（写真6―4）。シチメンソウは高さ20～40cmのアカザ科の一年生草木であり、国内では有明海沿岸の海岸干潟だけに自生する絶滅危惧種Ⅱ類の貴重な塩生植物である。満潮時には、潮をかぶり干潮時

写真6―4　「東よか干潟」の干出状態、手前がシチメンソウ群生地

出典）林撮影（2015.11.28）

には干潟になる場所で、かつ、風や潮流が少ない場所でしか生育しない。成長の過程で色の変化が見られ、秋期には鮮やかな紅紫色になり、海岸を真っ赤に染め上げる。紅葉のように色づく沿岸風景は「海の紅葉」と呼ばれ、有明海の風物詩となっており、東与賀海岸はこの日本一の群生地となっている[5]。

　東よか干潟は、海岸堤防前面に広がる干潟であるが、海岸堤防と海岸線沿いの遊歩道に沿って約1kmにわたって幅5mのシチメンソウ群生地が続いている。これは既存堤防の補強工事の代替地として生育地を造成したものである。東与賀海岸線沿いの遊歩道からは、引き潮時にシギ・チドリ類の他、カニ類やムツゴロウ、トビハゼなどが観察可能である。

　②観察結果のフィールドノート

　「東よか干潟」は、干潮時における干潟の干出状況を観察するため、平成27年11月28日（土）午後14時30分過ぎから調査を行った。隣接する「干潟よか公園」には、10月31日にオープンしたばかりの「ラムサール条約湿地東よか干潟ガイダンスルーム」がある（写真6－5）。ガイダンスルームには、東よか干潟の価値、特徴やプロフィールを解説する大型モニターや、干潟の仕組み、干潟に暮らす生き物などを紹介するパネルや模型、さらにはラムサール条約湿地の認定証（写真6－6）などが展示されている。

　また、佐賀市が組織し干潟の保全活動を行う「東与賀ラムサールクラブ」の活動展示も行われていた。同クラブは小中学生がクラブ活動として干潟の生き物調査や自由研究などに取り組んでいる。訪れた際には、佐賀大学と行った観察会、野鳥の特徴を捉えるための絵画教室、干潟の生き物の特徴を捉えるため粘土（陶土）細工を作る様子やその作品類が生き生きと展示されていた。こうした取り組みは、身近な干潟を理解する重要な取組みであり、干潟の保全活動の未来の担い手を作るものとして期待できるであろう。

　センターには案内人の方が常駐しており、干潟の様子をお聞きしたところ、「シチメンソウ群落内にシオクグが繁茂し始め、地元で問題視されている。シオクグも絶滅危惧が危惧されているそうだが、シチメンソウ群落への

第6章　有明海のラムサール条約登録湿地の環境保全と地域再生　　*135*

写真6―5　「東よか干潟」ガイダンスルーム内部

出典）林撮影（2015.11.28）

写真6―6　ラムサール条約湿地認定証

出典）林撮影（2015.11.28）

影響が懸念されており、どの様な対応をするのか色々と議論となっている。干潟に来る鳥が種子を運んだとの声もあるが原因はわからない」とのことであった。

　来訪した際には、干潟は完全に干出状態であり、多数の観光客が海岸沿いの遊歩道を訪れていた。潮はずっと遠方に引いており、「泥の水平線」の呼

写真6−7　東よか干潟内のシギ・チドリ類①

出典）林撮影（2015.11.28）

写真6−8　東よか干潟のシギ・チドリ類②

出典）林撮影（2015.11.28）

写真6—9　夕暮れの東よか干潟、奥は海苔養殖場

出典）林撮影（2015.11.28）

び名のとおり、水平線のかなたまで泥の干潟が続いており、光の加減では雪原のようにも見え、満潮時には海水が満ちて海になるとはにわかに信じがたい光景であった。

その干潟では、無数のシギ・チドリ類や、絶滅危惧種とされるツクシガモが歩いては立ち止まり、一心不乱に干潟の生き物をついばむ姿や、旅鳥の疲れを癒す姿が見られた。ズグロカモメ、クロツラヘラサギなどは観察しえなかったが、時を忘れて干潟の美しさと鳥たちの様々な行動に見入ってしまった（写真6—7～6—9）。

(2) 肥前鹿島干潟

　鹿島市は、佐賀県の西南部に位置し、東には有明海が広がり、西は多良岳山系に囲まれている。資料によれば、肥前鹿島干潟のある北鹿島地区は、次のような干拓の歴史を経てきている[7]。

「鹿島地先の有明海は、潮汐の干満と塩田川をはじめ多くの中小河川の堆積作用によって海底は高く、干潮時には広大な干潟が露見する干拓適地であり、三代藩主鍋島直朝はじめ歴代の藩主が干拓に力を注いだ。

　天正元年（1578）築立といわれる新籠（北鹿島）は、役頭に納富清右衛門、

小奉行中原与右衛門が当たった。藩主直朝は、この新地に移住を奨励し各戸に一畝の屋敷地を与えた。寛文五年（1656）正月から新籠村と称し、入植者は増加した。三部、新籠の地先には、大籠、平尻、横江、脇ノ江、末増、北海、富山などの干拓地があり、慶応元年（1865）には、この地、富山籠新地が竣工された。

　鹿島地方では、明治以降の干拓地でも「籠」がつけられている。「籠」の語源については、竹で編んだ円筒形の籠の中に土や石を入れ、堤防の護岸工事に用いたため、あるいは村の産土神を中心とする籠仲間によって開発されたためなど、諸説があり、はっきりしない。

　魚鱗状に築立された旧い干拓堤防は、耕地整理のためほとんど取り壊され、個々の干拓地を識別することは困難となっている。現在では、度重なる台風災害により、北鹿島地区が海岸保全地域に指定され、建設省の直轄事業として、昭和三七年から高さを海抜７・５メートルに施工した干拓潮止め堤防が海岸線となっている。」

①条約湿地の概要と特徴

　「肥前鹿島干潟」は、有明海西岸の鹿島市に位置し、塩田川、鹿島川の河口部と鹿島海岸（新籠）に発達する泥干潟である。塩田川、鹿島川は長崎県境にある多良岳山系等から流れ有明海に注ぐ急流河川であり、塩田川は多良山系北部の山間部を水源とし、途中岩屋川内川を合流し、嬉野温泉街を流下し、平地流となって東に流下して有明海に流入する一級河川である。上・中流域には多数の温泉旅館が存在し、平地流域には陶土工場が点在し、工場排水が流入する河川である。

　肥前鹿島干潟の概要は、表６─２のとおりであるが、ムツゴロウ、ワラスボ、ハゼクチ、ウミタケ、シオマネキなど干潟の生きものが多数生息している。また、干潟に生息しているカニやゴカイ等の生物をエサとする渡り鳥が飛来する。春にはチユウシャクシギ、秋にはソリハシシギなどが見られるほか、ズグロカモメ、クロツラヘラサギ、ツクシガモなど多くの水鳥類の重要な渡りの中継地、越冬地となっており、シギ・チドリ類の集団渡来地とし

表6―2　肥前鹿島干潟の概要

名称：肥前鹿島干潟 位置：佐賀県鹿島市鹿島海岸（新籠海岸）（北緯33度6分、東経130度7分） 標高：-2.5m～1m 面積：57ha 保護制度：国指定鳥獣保護区特別保護区域 該当する国際登録基準 　2（絶滅のおそれのある種や群集を支えている湿地） 　4（動植物のライフサイクルの重要な段階を支えている湿地） 　6（水鳥の1種または1亜種の個体群で、個体数の1％以上を定期的に支えている湿地） その他 　EAAP（東アジア・オーストラリア地域渡り性水鳥重要生息地）ネットワーク参加地

出典）環境省（2015）p.49を部分加筆。

て、鳥獣保護管理法の国指定鳥獣保護区特別保護区域に指定されている。

②観察結果のフィールドノート

「肥前鹿島干潟」は、干潮時から満潮時における干潟の状況を観察するため、平成27年11月29日（日）午前10時過ぎから調査を行った。

鹿島海岸の護岸堤防前に広がるのが肥前鹿島干潟であるが、調査時点においては、ほぼ満潮の状態であった（写真6―10～13）。展望台には「祝ラムサール条約湿地　肥前鹿島干潟」の横断幕が海風にひとり揺れていた（写真

写真6―10　「鹿島肥前干潟」（塩田川河口付近）

出典）林撮影（2015.11.29）

写真6―11 「鹿島肥前干潟」（未増篭排水樋管付近）

出典）林撮影（2015.11.29）

写真6―12 「鹿島肥前干潟」（鹿島川河口手前付近）

出典）林撮影（2015.11.29）

6―14）。時折近隣の人が散歩に通るものの、ほとんど人影はなく、後背地の水田が広がり、海からはマガモの低い鳴き声や水鳥の鳴き声が響く、静かな場所であった。当日に観察しえ得た、水鳥類はマガモ、アオサギ、多数のシギ・チドリ類（？ミウビシギ）であった（写真6―15～16）。

　東よか干潟とは異なり、調査時点ではビジターセンターはなく、自然観察のための簡単な施設（水鳥などの解説表示板、ハイド型の野鳥観察窓2か所、簡易ト

写真6-13 「鹿島肥前干潟」（鹿島川河口付近）

出典）林撮影（2015.11.29）

写真6-14 干潟展望台

出典）林撮影（2015.11.29）

イレ）が展望台付近に見られた。干潟から車で15分くらいの距離に「道の駅鹿島」がある。同所には「干潟展望館」が整備され、有明海の生き物が30種類程度展示されている。また、有明海が一望できる展望ホールには望遠鏡が備えられ、生物の解説展示や潮汐情報などもあり、鹿嶋市の干潟に関する情報が得られる場所となっている。

　鹿島市は旅先での人や自然との触れ合い「体験型」「交流型」が重視され

写真6—15　肥前鹿島干潟の波打ち際で休むシギ・チドリ類

出典）林撮影（2015.11.29）

写真6—16　肥前鹿島干潟を訪れるアオサギ

出典）林撮影（2015.11.29）

た新しいタイプのニューツーリズムを推進している。有明海におけるメニューとして、七浦ニューツーリズム活動推進協議会事務局主催のものとして、干潟環境教室、海苔手すき体験、独自の伝統漁法のむつかけ体験や棚じぶ漁体験、有明海まるごと体験（夏・冬）、干潟体験コース、ミニ・ガタリンピックなどのメニューを用意している[9]。

また、鹿島市は「鹿島ガタリンピック」開催地としても知られている。これは日本一干満の差が大きい広大な有明海の干潟を利用した、干潟の上で行う国際的な運動会である。昭和60年5月3日、第一回鹿島ガタリンピックが開催されたが、今まで、誰もが見向きもしなかった干潟を「負」の財産から、地域の貴重な財産へと活用するという、逆転の発想によるもので、「鹿島」という地域の個性を表すものとして取り組まれている。毎年5月末、道の駅鹿島に隣接する有明海（七浦海岸）の干潟を利用し、ムツゴロウ漁で用いられる「ガタスキー」（スイタ）で干潟の上を滑る競技や、干潟の上に細長い板を何メートルかを縦に並べ、その板の上を自転車で渡ってゴール地点まで自転車を走らせる競技など様々である。

　これらの取組みは、干潟という地域資源を活かした地域活性化策、環境教育の取組みとして注目されるものであろう。

(3) 荒尾干潟

①条約湿地の概要と特徴

　荒尾市は、熊本県の西北端に位置し、明治時代の半ばから大牟田市とともに日本最大規模の「三池炭田」を擁し、炭鉱の町として栄えてきた。戦後のエネルギー政策の転換があり、現在では、河川流域の平坦地では水稲栽培、丘陵地では特産の「荒尾梨」やみかん、スイカ栽培、海岸部では遠浅を生かした海苔養殖やアサリ採貝が行われている。荒尾干潟はこの荒尾市にある。

　荒尾干潟は、有明海の中央部東側に位置し、岸から沖まで最大幅3.2km、長さ9.2kmと単一の干潟としては国内でも有数の規模を持つ砂質干潟である。

　東よか干潟、肥前鹿島干潟と異なり、荒尾干潟には流入する大きな河川はなく、反時計まわりにめぐる潮流によって砂や貝殻が運ばれ、堆積して干潟が形成されている。

　砂質を好むゴカイ類、貝類、小型の甲殻類などの底生生物や、それを餌にする水鳥、浅瀬を利用する魚類など多様な生き物が生息する豊かな環境にあ

る。荒尾に暮らす人々から有明海は「宝の海」、「海の畑」と呼び、干潟を利用したノリの養殖やアサリ漁等が行われており、アサリ育成のために干潟を耕すなど、干潟と共生する漁業が営まれている。

　荒尾干潟は、表6—3のとおりであるが、鳥獣保護管理法の国指定鳥獣保護区と特別保護区域に指定され、秋から春にかけては、シベリアやアラスカなどで繁殖し、オーストラリアやニュージーランドで冬を越すハマシギやメダイチドリなどシギ・チドリ類、日本で越冬するカモ類など、渡りをする数多くの水鳥は、荒尾干潟を中継地、越冬地として渡来している。また、絶滅危惧種ⅠB類のクロツラヘラサギ、Ⅱ類のツクシガモ、ズグロカモメ等の希少鳥類にとっても重要な地となっている。

②観察結果のフィールドノート

　「荒尾干潟」は、干潮時から満潮時における干潟の状況を観察するため、平成27年11月28日（土）午前10時過ぎから調査を行った[10]。一般に、満潮時刻から前後約2時間は、休息、採餌する野鳥を近くで観察することができるといわれているが、調査時点では、ほぼ満潮の状態であり、強風のため波が浜に打ち付け、鳥影はほとんどなかった。蔵満海岸と荒尾漁協前の2か所を踏査したが、時折見られたのは、荒尾市の鳥であるシロチドリの他、ハクセキレイ、カモメ類であった。蔵満海岸で印象的だったのは、無数の貝殻

表6—3　荒尾干潟の概要

名称：荒尾干潟
位置：熊本県荒尾市（北緯32度58分、東経130度25分）
標高：0m
面積：754ha
保護制度：国指定鳥獣保護区特別保護区域
該当する国際登録基準
　1（特定の生物地理区を代表するタイプの湿地、又は希少なタイプの湿地）
　2（絶滅のおそれのある種や群集を支えている湿地）
　6（水鳥の1種または1亜種の個体群で、個体数の1%以上を定期的に支えている湿地）
その他
　EAAP（東アジア・オーストラリア地域渡り性水鳥重要生息地）ネットワーク参加地

出典）環境省（2015）p. 50を部分加筆。

写真6―17　満潮時の荒尾干潟（蔵満海岸）

出典）林撮影（2015.11.28）

写真6―18　満潮時の荒尾干潟（蔵満海岸）

出典）林撮影（2015.11.28）

が浜に堆積し絨毯の様であった点である。

　観察施設は案内表示板（写真6―19）があるのみで、トイレはJR南荒尾駅にのみ設置されている。なお、九州地方環境事務所では、ラムサール条約湿地に登録された荒尾干潟の保全とその賢明な利用を推進するため、熊本県荒尾市において拠点施設（「荒尾干潟水鳥・湿地センター（仮称）」）を整備する計画を有しており、現在検討が進んでいる[11]。

写真6―19　荒尾干潟（蔵満海岸）の案内表示

出典）林撮影（2015.11.28）

写真6―20　荒尾干潟（蔵満海岸）堤防の「海の美術館」

出典）林撮影（2015.11.28）

　また、堤防には「海の美術館」（写真6―20）が常設され、地域の小中学生による絵画120点以上が掲示されており、住民等への関心を高めるための工夫がなされている。
　③「世界湿地の日」記念行事による市民向け啓発の取り組み
　ラムサール条約は、1971（昭和46）年2月2日にイランのラムサールで採択された。これを記念して、毎年2月2日を「世界湿地の日」とすることが、

写真6―21　記念行事当日の荒尾干潟（蔵満海岸）

出典）林撮影（2017.2.5）

　1996（平成8）年に定められた。条約事務局では毎年「世界湿地の日」のテーマを定めており、平成29年のテーマは「湿地と防災・減災（Wetlands for Disaster Risk Reduction）」であった。この日には同条約について一般に啓発する取り組みなどが、世界中で行われている。

　熊本県荒尾市の平成29年の記念行事は、「シギ・チドリ類の渡りの今―荒尾干潟で希少種ヘラシギと普通種ハマシギを守る―」をテーマとし、2月5日に開催された。行事は3部構成で、第1部は「ラムサール登録荒尾干潟を歩こう」と題する、同市の蔵満海岸での干潟体験（写真6―21）、その後、荒尾総合文化センター小ホールに会場を移し、第2部「今、ヘラシギとシギ・チドリ類、そして東アジアの干潟は？」と題する事例発表が行われた。会場では地元学生による環境学習の成果がパネル展示されていた（写真6―22）。

　各報告者の方々の報告の中から、特に印象に残った点を紹介したい。第1は、渡り性水鳥の保全にとって国際的に重要な生息地のフライウェイ・ネットワークを構築し、フライウェイ全体で連携した保全に取り組んでいく必要があるとの視点が強調されていたことである。

　ヘラ状のユニークな嘴を持つ小型のシギ・チドリ類である、ヘラシギ（Spoon-billed sandpiper）は、この過去30年間で総個体数が90％減少しており、

148 第2部　条約の国内実施をめぐる諸問題の考察

写真6—22　地元学生の環境学習の成果の展示

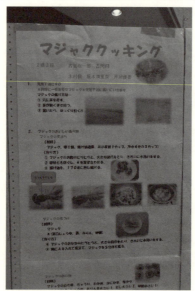

出典）林撮影（2017.2.5）

　ヘラシギの繁殖地であるロシアのチュトコ半島では、わずか100つがいほどしか確認されてない。このため、IUCNのレッドリストにおいて絶滅危惧種IA類（CR）に指定されおり、緊急的な措置をとらない限り、今後10～15年で絶滅することが確実視されている。

　ヘラシギは、カムチャッカ半島、サハリン、日本、韓国、中国を経由して8000kmを移動するが、この絶滅の要因は次のとおりであると指摘されていた。

　①地球温暖化により、繁殖地である北極圏の環境が変化している。
　②黄海沿岸部等、重要な生息地・越冬地の多くにおいて大規模干拓と沿岸部の開発が行われ、生息地が失われていること。また、スパルティナ属（特定外来生物）の繁茂による干潟の草原化が進行している。
　③越冬地であるミャンマー、バングラデシュ、中国では食習慣から水鳥の狩猟があり、ヘラシギもその犠牲になっている。

今後は、様々なレベルでの分野間の協働を通じた相乗効果による保全活動の促進、渡り性水鳥とその生息地及びそれらに依存する人々の生活を守るとともに、法や政策の厳密な執行、行政官や法の実行者の能力向上、保護制度の活用と政策課題としての優先度を上げることが課題となることが報告されていた。

第2に、記念行事では、ミャンマーのCEPAプログラムとバードハンティング減少の取り組みが紹介されていた。また、安尾征三郎さんから、荒尾干潟の多年にわたる鳥類調査の結果報告とともに、調査を1人取り組んでいるで支えているとの報告があった。条約湿地を支え続ける姿に頭が下がるとともに、我が国の保護区域を維持し続けるための地域政策の貧困を痛感した。

イベントには多くの市民も参加しており、身近な湿地の役割を知り、その重要性を理解するなど、市民向けの普及啓発に資する大切な取り組みと評価できるであろう。

4　CEPAを活用した地域再生に向けて

菅野（1981）は、有明海を「日本の宝」と賞し、有明海の価値と保全の重要性を指摘し、諫早湾開発計画の実施を懸念していた。残念ながら、諫早湾干拓事業は実施され、有明海では地域環境問題が継続している。

有明海とその干潟の有する、特異な生物相、渡り鳥の生息地、水質浄化機能、生態学的役割など、国際的な重要性を持つ多面的価値を広く知らせ、次代に受け継いでいくにはどうしたらよいのだろうか。

前述のとおり、ラムサール条約の基本理念であるCEPAは、湿地の保全と賢明な利用を進めていくためには、利害関係者を含むさまざまな人々に、湿地の価値と機能を広報・教育・普及啓発していくことが重要であることを示しており、環境保全とともに教育普及活動の2つが今後の課題となると考えられる。教育普及啓発は、干潟の環境保全を行う上で重要な基礎となる。

150　第2部　条約の国内実施をめぐる諸問題の考察

このため、有明海とその干潟の環境の実態と、干潟河口域の生態系の価値を
理解するための取り組みが第1の課題となる。

　CEPA活動の最も重要な対象は、直接的・間接的に干潟や干拓地の農地
を利用している人々や、干潟に飛来する鳥類によって何らかの損害を被って
いる人々など、あらゆるステークホルダーに対し、湿地保全への理解と賢明
な利用を促すための地道な活動が望まれる。また、将来の担い手への環境教
育も重要性であり、とりわけ、環境教育プログラムや教材の開発も大きな課
題となる。

　有明海には、日本最大規模の干潟、干拓の歴史、多種かつ多数の渡り鳥の
飛来、ワラスボ、クチゾコ、ムツゴロウなど特産生物を食べる食文化など、
環境教育のコンテンツは十分にある。これらの素材を活用し、学校教育活動
の一環として干潟の学習、観察を行うことや、遠足、修学旅行などが有効で
あろう。

　現在、「持続可能なツーリズム（エコツーリズム）」の考えが湿地においても
提唱されている[12]。持続可能なツーリズム（エコツーリズム）とは、ツーリズ
ムを通して以下のことがらを確実にすることと定義されている。

　①環境を保護し、生物多様性の保全を支援する

　②受け入れ側の地域社会、文化遺産と文化的価値を尊重する

　③安定した雇用、収入獲得の機会、社会サービスをはじめとする社会経済
　　上の便益を受け入れ側の地域社会のすべての利害関係人に公平に分配す
　　る

　特に③は、地域住民に代替的な雇用と収入の機会を提供し、自然環境の保
全を支えようとする点が注目される。

　こうした側面からの地域産業の活性化策や、農海産物の地域ブランド化が
課題となろう。地域ブランド化については、他のラムサール条約湿地での取
り組みとなるが、片野鴨池の「加賀の鴨米ともえ」、蕪栗沼の「ふゆみずた
んぼ米」の取組みなどの例が参考となろう（この点についての詳細は本書第5章、
第7章を参照）。

第6章 有明海のラムサール条約登録湿地の環境保全と地域再生 *151*

　第2に、環境保全面での課題は、有明海のシギ・チドリ類重要渡来地として、佐藤編（2000：花輪・武石執筆, p. 279）は、長崎県の諫早湾、佐賀県の新籠（鹿島海岸）、六角川河口、大授搦（東与賀海岸）、国造干拓、熊本県の荒尾海岸、菊池川河口、白川河口を指摘している。また、「日本の重要湿地500」においても、有明海については、筑後川河口〜矢部川河口、東与賀海岸、六角川河口〜塩田川河口、鹿島海岸、田古里（タコリ）川河口、諫早湾、荒尾海岸および筑後川（感潮域）を掲げている。

　これらのうちラムサール条約湿地となっているのは、今回分析対象とした3箇所のみである。条約湿地以外は鳥獣保護地区等も未指定であり、何らかの保護区域を設定し、保全していく必要があると考えられる。また、有明海の環境保全・再生のための「有明海環境保全特別措置法」の検討、制定を提案する意見もある（佐藤編 2000：東梅・佐藤, p. 353）。先例としては「瀬戸内海環境保全特別措置法」があるが、法制面からのバックアップも必要なのではないだろうか。

　以上、本章は、有明海のラムサール条約湿地の基礎的研究にとどまるものであり、干潟や河口域の生物多様性と地域再生をめぐる未検討の課題が多数あるため、他日を期することとしたい。

1）本章で検討対象とする有明海では、海底の陥没による干潟消滅が指摘されている。佐藤編（2000：佐藤・田北執筆 p. 29）によれば、三池港から柳川市にかけては、かつて炭鉱の町として栄えたところであり、石炭を採掘するための坑道が海底にも伸びており、放棄された坑道が徐々に崩落するにともなって海底が陥没し干潟が消滅していることが指摘されている。

2）本節の有明海干拓の歴史は、金子（2007, pp. 98-100）及び杉谷他（1998, pp. 204-208）によった。

3）諫早湾における大規模干拓事業の影響を科学的かつ多面的に分析するものとして、雑誌「科学」2011年5月号（vol. 81, No. 5）「特集・有明海—何が起こり、どうするのか」がある。また、最近の有明海沿岸の営みの変化については、佐賀新聞配信「分断の海—諫早湾閉め切り20年（1）〜（7）」（佐賀新聞HP・諫早湾干拓問題）を参照。

4）以下の記述は、干潟よか公園の案内板を転記したものである。

5）日本最大のシチメンソウの群生地は、諫早湾奥部の小野島海岸であった。約15haの群生地　は諫早湾大規模干拓事業により失われ、東与賀海岸が繰り上げで国内最大の群生地となった（佐藤編 2000：陣野執筆 pp. 52-53, p. 67）。

6）大牟田の潮汐は満潮（10:43 が 489cm、22:29 が 461cm）、干潮（4:18 が −5cm、

16:43 が 100cm）であった。また、現地に表示された潮汐は、満潮（10:51 が 550cm、22:37 が 520cm）干潮（4:25 が 30cm、16:49 が 140cm）であった。

7）以下の記述は、現地展望台の案内板を転記したものである。

8）大牟田の潮汐は満潮（11:25 が 233cm、23:07 が 202cm）、干潮（4:58 が－228cm、17:21 が－125cm）であった。また、道の駅鹿島に表示された潮汐は、満潮（11:28）、干潮（17:24）14 時から 20 時まで干潟がみられますとなっていた。

9）体験メニューは、鹿島ニューツーリズム推進協議会発行「HOT！MEKU〈たび旅かしま通年版〉」として道の駅鹿島等で配布されている。なお、「ほとめく」とは鹿島の方言で、歓迎する、もてなすという意味であるとのこと。

10）荒尾市の HP による潮汐は、満潮（10:43 が 489cm、22:29 が 461cm）干潮（4:18 が－5cm、16:43 が 100cm）であった。なお、本章で参照した環境省九州地方環境事務所（2014）、荒尾干潟保全・賢明利活用会議（2013）、日本野鳥の会熊本県支部資料については、安尾征三郎さん（日本野鳥の会熊本県支部）から現地調査の際に御恵与いただいたものである。ここに記して謝意を表したい。

11）九州環境事務所（http://kyushu.env.go.jp/to_2015/post_41.html）［2016.1.14 取得］に、ワークショップ等の実施状況が掲載されている。

12）例えば、環境省ホームページ掲載資料「湿地のツーリズムすばらしい体験・責任あるツーリズムは湿地と人々を支える」pp. 5-6 において、サスティナブル（持続可能な）ツーリズムやエコツーリズムが提唱されている。

第7章　水田と一体となったラムサール条約登録湿地の保全と活用

1　はじめに

平成 20（2008）年 10 月、韓国の昌原（チャンウォン）市で開催されたラムサール条約第 10 回締約国会議において、「決議 X.31：湿地システムとしての水田における生物多様性の向上」（いわゆる「水田決議」）が採択された。

この決議は日本及び韓国が提出したものであるが、水田のもつ生物多様性の保全に果たす役割に注目したものであり、湿地システムとして適当な水田の生態学的、文化的な役割と価値の維持、増進に焦点があてられている。また、2010 年（平成 22 年）10 月に愛知県名古屋市で開催された生物多様性条約第 10 回締約国会議（COP10）は、ラムサール条約の「水田決議」を歓迎し、生物多様性条約の締約国にその実施を求めることが決定されている。

日本の耕地面積は 449 万 6,000ha あり、このうち水田の耕地面積は 244 万 6,000ha となっている（平成 27 年耕地面積：農林水産省平成 27 年 10 月 27 日公表）。古来、水田は食糧生産の基盤として重要な機能を果たしている。また、渡り鳥にとって、採食場、休息場所として重要な役割を果たすなど、水田それ自体が幅広い生物多様性を支えていることから、水田と一体となったラムサール条約湿地が登録されている。

これまで、水田とその周辺の水路、ため池、里山林は、下草狩りや池干しといった日常生活の中でおこなわれる適度なかく乱によって保たれ、生物多様性が育まれてきた。しかし、生活様式の変化等により、このバランスが崩れつつあることから、様々な地域環境問題が発現している。

154　第2部　条約の国内実施をめぐる諸問題の考察

　本章では、水田と一体となったラムサール条約登録湿地である伊豆沼・内沼（宮城県）、片野鴨池（石川県）、佐潟、瓢湖（新潟県）に焦点を当て、各登録湿地の現状把握を試みたフィールドノートを紹介していく[1]。また、これに基づき、湿地の環境保全と生物多様性の確保、さらには登録湿地を活用した地域再生の方策について考察を試みるものである。

2　水田とラムサール条約湿地

(1)　水田の多面的な機能
　水田は、食糧生産の場として重要な役割を果たしている。また、水田等で農業が営まれることにより、様々な機能を発揮するが、これらは、農業（水田）の多面的機能と総称されている。（平成24年度「食料・農業・農村白書」pp. 289-292）。

　第一に、畦畔に囲まれている水田の土壌は、雨水を一時的に貯留し、時間をかけて徐々に下流に流すことによって洪水の発生を防止・軽減させるという特徴を有している（洪水防止機能）。

　第二に、水田等に利用されるかんがい用水や雨水の多くは地下に浸透し、下流域の地下水を涵養している（地下水の涵養機能）。このような機能により、河川の流量安定をもたらし、下流域では地下水を生活用水や工業用水として活用することが可能となる。

　第三に、水田に張られた水は、雨や風から土壌を守り、侵食を防ぐ働きがあるなど、下流域への土壌の流出を防ぐ働きがある（土壌侵食防止機能）。

　第四に、水田や畑には多様な生物が生息している。水田や畑が適切かつ持続可能な方法で管理されることにより、植物や昆虫、動物等の豊かな生態系を持つ二次的な自然が形成・維持され、多様な野生動植物の保護にも大きな役割を果たしている（生物多様性保全機能）。

　第五に、水田とその周辺の水路、ため池、里山林は、人間が自然に深く関わることにより維持されてきた。農業により継続して養育されている動植物

や豊かな自然に触れることを通じ、生命の尊さ、自然に対する畏敬や感謝の念など、人間の感性・情操が豊かに育てられるなど、教育的な効果ももたらしている（体験学習・教育機能）。この他、水田の微生物は、家畜排せつ物や生ごみ等から作った堆肥を分解し、再び農作物が養分として吸収できるようにする有機性廃棄物処理機能を持っている。農村地域には、様々な自然や生き物、歴史、文化、景観が存在しており、保健・レクリエーションの場の提供にも役立っている。

(2) 水田と湿地の関係

　湿地には、魚類、貝類、水草などが生息しており、それを餌にする鳥、さらにその鳥を捕食するワシタカ等が飛来する。また、渡り鳥にとっては、羽を休め、食物を与えてくれる重要な休息地である。その一方で、湿地は、人間の生活の影響を最も強く受けるところでもある。

　序章で紹介した、国土地理院の「湖沼湿地調査」結果が示すように、湿地の主な減少原因は、宅地化や農耕地利用等の人為的要因（開発）による減少であり、湿地の多くは水田に転用されている。

　こうした「明治期以降の土地利用転換による自然の湿地の大規模な喪失は、近代的な土木工学が進展してから、水田が開発された地域で特に著しかった。戦後になると湿田が農地整備で乾田に変えられ、そこでは化学肥料や農薬を多用する農業が行われるようになり、水田の湿地としての機能が大幅に低下した」ことが指摘されている（鷲谷 2007, p. 5）。

　また、「湿地面積の大幅な喪失とともに、生物多様性および湿地が提供していたさまざまな生態系サービスが失われ、地域社会にもさまざまな不利益がもたらされた。水質悪化による水利用上の困難と多大なコストの発生、災害リスクの増大、湿地を利用して行われていたさまざまな生業、遊びや楽しみの喪失など」（鷲谷 2007, p. 4）の課題が発現してきており、湿地の保全、再生が必要とされている。

156　第2部　条約の国内実施をめぐる諸問題の考察

(3) 水田とラムサール条約湿地の関係

　ラムサール条約における湿地の定義は幅広く、天然湿地から人工湿地まで含まれ、湿原だけでなく、河川、湖沼、砂浜、干潟、サンゴ礁、マングローブ林、藻場、水田、貯水池、湧水池、地下水系などもラムサール条約湿地として登録されている。

　特に、水田については、平成20 (2008) 年10月、韓国の昌原 (チャンウォン) 市で開催されたラムサール条約第10回締約国会議において、日本及び韓国が提出した「決議 X.31：湿地システムとしての水田における生物多様性の向上」(いわゆる「水田決議」) が採択されていることは、前述のとおりである[2]。

　この決議は、人工湿地である「水田」が生物多様性の保全に果たす役割に注目したものであり、湿地システムとして、適当な水田の生態学的、文化的な役割と価値の維持増進に焦点があてられている。また、「締約国に対し持続可能な水田農法を特定するため、水田の動植物相、及び米作を行う地域社会において発展し、水田の生態学的価値を保ってきた文化に関するさらなる調査を促進することを奨励」している (決議 X.31-15.)。水田決議 (決議 X.31.) について、本章で特に注目している点を整理すると次のようになる。

3. 世界のかなりの割合の米作において典型的な農地である水田 (灌漑され冠水した、米が栽培されている土地) が、米作を行っている様々な文化圏において何世紀にもわたり広大な開放水面を提供し、米の生産のほか、他の動植物性の食料や薬草を生産し、湿地システムとして機能しその地域の生活及び人間の健康を支えていることを認識、

4. 世界の多くの場所で水田が、爬虫類、両生類、魚類、甲殻類、昆虫類、軟体動物等、重要な湿地生態系を支え、水鳥のフライウェイ及び水鳥の個体群の保全上重要な役割を果たすことを同じく認識、

6. いくつかの特定の地域では、灌漑された水田が生物多様性のために周辺の自然／半自然の生息地、特に湿地につながっていることが重要である

ことを認識、

7. (略) 少なくとも世界中で 100 か所のラムサール条約湿地が、重要な生態的役割を持ち、国際的に重要な留鳥や渡り性水鳥の繁殖・非繁殖個体群を含めた生物多様性を支える水田を含んでいることを想起、

10. 使用していない時期の水田に湛水することにより、渡り性水鳥等の動植物に生息地を提供し、雑草や害虫の管理を行うための取り組みが行われていることに留意、

　決議 X.31 の提示した理念は、ラムサール条約にとどまらず、生物多様性条約にも影響を与えている。つまり、愛知県名古屋市で 2010 年（平成 22 年）10 月に開催された生物多様性条約第 10 回締約国会議（COP10）において、農業の生物多様性、特に水田生態系の生物多様性の保全と持続可能な利用にとっての重要性を認識するとともに、水田そのものが人工湿地として、幅広い生物多様性を支えていることを国際的に認識したラムサール条約の「水田決議」を歓迎し、締約国にその実施を求めることが決定されている。
　本章では、日本のラムサール条約登録湿地のうち、条約湿地の区域に湖沼、河川と併せて、周辺の水田を含むもの（決議 X.31-7.）と、条約湿地に水田を含まないが、水田と一体となった湿地生態系を形成しているもの（決議 X.31-6.）について分析の対象としていく。
　前者の例では、蕪栗沼・周辺水田（宮城県）、片野鴨池（石川県）、円山川下流域・周辺水田（兵庫県）が登録されている。後者の例では、宮島沼（北海道）、伊豆沼・内沼（宮城県）、佐潟（新潟県）、瓢湖（新潟県）が登録されている。
　こうした水田と一体となった条約登録湿地は、その区域に水田を含む、含まないとの違いがあるものの、渡り性水鳥をはじめとする鳥類等の休息地と採食地の役割をそれぞれが果たしているなど、湖沼と周辺水田が相互に補完しあい、水鳥をはじめとする生物多様性を支えている点で共通している。

こうしたタイプの条約登録湿地のうち、今回は、片野鴨池（石川県）、伊豆沼・内沼（宮城県）、佐潟（新潟県）、瓢湖（新潟県）を対象とし、a.条約登録湿地の特徴、b.条約登録湿地の歴史と人の関わりを整理するとともに、c.現地調査での観察結果（フィールドノート）を活用し、各条約登録湿地の現状分析と、直面している地域環境や地域再生に関する課題について考察していく。

3 水田と一体となったラムサール条約湿地のケーススタディ

(1) 伊豆沼・内沼
①条約湿地の特徴

伊豆沼・内沼は、東北地方有数の穀倉地帯である宮城県北部（登米市・栗原市）の平野に位置し、その面積は491ha（伊豆沼369ha：写真7-1、内沼122ha：写真7-2）、周囲約20kmある。水深は平均80cm、最大1.6mと浅く、沼の中央部まで水生植物が繁茂しており、特にハスは、伊豆沼の夏を彩る観光資源となっている。沼の環境を形成する重要な要素である水生植物は、渡り鳥や在来魚の生息場所、隠れ場所、餌となっており、多種多様な魚類や昆虫類が生息する場となっている。

写真7―1 伊豆沼（伊豆沼野鳥観察館付近）

出典）林撮影（2015.2.10）

第7章　水田と一体となったラムサール条約登録湿地の保全と活用　　159

写真7—2　内沼

出典）林撮影（2015.2.10）

　伊豆沼・内沼の気候は、真冬でも水面が全面結氷することはなく、水生植物の存在とあいまって、多くの水鳥にとって良好な生息・生育環境となっている。このため、夏鳥の繁殖地、旅鳥の中継地、秋から冬に極東ロシアから渡ってくるガンやカモ、ハクチョウ類の貴重な越冬場所となっている。1985（昭和60）年には、大規模マガン等ガン・カモ渡来地として、国内で2番目にラムサール条約登録湿地に登録されている。
　その特徴は、表7—1のとおりだが、日本に飛来するマガンの90％が飛

表7—1　伊豆沼・内沼の概要

名称：伊豆沼・内沼
位置：宮城県栗原市、登米市（北緯38度43分、東経141度06分）
標高：6m
面積：559ha
湿地のタイプ：淡水湖
保護制度：国指定鳥獣保護区特別保護区域、宮城県自然環境保全地域
該当する国際登録基準
2（絶滅のおそれのある種や群集を支えている湿地）
3（生物地理区における生物多様性の維持に重要な動植物を支えている湿地）
その他
EAAP（東アジア・オーストラリア地域渡り性水鳥重要生息地）ネットワーク参加地

出典）環境省（2015）p.23を部分加筆。

来する点にある。著者らが調査に訪れた、直近の調査（2015年2月6日）では、渡り鳥が35,666羽飛来しており、内訳は、ガン類30,755羽、ハクチョウ類1,530羽、カモ類3,381羽であり、既にガンの北帰行がはじまっていた。また、内沼にはオオハクチョウやオナガガモが目立っていた（写真7－3）。

写真7－3　オオハクチョウ（内沼）

出典）林撮影（2015.2.10）

②伊豆沼・内沼の歴史と人の関わり

　伊豆沼・内沼は栗駒山を源流とする迫川（はざまがわ）の沖積平野にある淡水湖である。かつては北上川と迫川がぶつかる氾濫原であり、広大な低湿湿地の地域であった。しかし、1930年頃から米の増産を目的とした干拓事業が行われ、湿地や湖沼の多くは水田に開拓され、東北地方有数の穀倉地帯となっている。伊豆沼・内沼もこの干拓事業により、一部が埋め立てられ、沖積平野の洪水調整の遊水池、灌漑用水のための沼として残されたのが現在の姿である[3]。伊豆沼・内沼は、南側にある長沼とともに残った貴重な湿地となっている。

　マガンは国の天然記念物であるが、9月下旬に極東ロシアから伊豆沼・内沼に渡ってきて、2月中旬まで伊豆沼・内沼で過ごしている。日の出前後に、周辺水田に飛び立ち、田んぼの落穂や収穫後に残った大豆、雑草などをたべ

て日没前後に沼に戻る。越冬初期は、沼周辺の田んぼを利用し、食べ物がなくなるにつれて、沼から遠い田んぼや大豆畑を利用するといわれている。オオハクチョウ（写真7－4、7－5）は、9月下旬に極東ロシアから渡ってきて、沼でハスやマコモの地下茎を食べたり、田んぼの落穂や収穫後に残った大豆、雑草などを食べたりしている[4]。また、近隣にある、ラムサール条約湿地の「蕪栗沼・周辺水田」とは越冬地として相互補完関係にある。

写真7－4　伊豆沼周辺水田で休息するオオハクチョウ

出典）林撮影（2015.2.10）

写真7－5　内沼周辺水田における水鳥の採食の様子

出典）林撮影（2015.2.10）

③観察結果のフィールドノート

渡り鳥の聖域（サンクチュアリー）を自任する伊豆沼・内沼の直面する課題の1つは、水環境問題の改善である。環境省の公共用水域水質測定結果（平成26年12月公表）によれば、伊豆沼は全国ワースト2位となっており、沼の水質は、日本国内でも最悪レベルにある。主な原因として、家庭排水等の流入、水生植物の枯死、浅底化、水鳥のフンやエサによる水質汚濁などが指摘されている。

課題の2つ目は、外来種の侵入である。伊豆沼・内沼には、ゼニタナゴが多数生息し、食材として出荷されていた。しかし、1996年以降、漁獲量が急激に落ち込んでいる。主な原因としては、オオクチバスによる在来魚の捕食が指摘され、外来種駆除の取組みが行われている。「伊豆沼・内沼サンクチュアリーセンターニュース（vol.55）」によれば、ここ数年の傾向として、オオクチバスやブルーギルも多数捕獲されていたが、今年の定置網調査では、モツゴ、タモロコなどの小魚が定置網一枚当たり数千匹とれたのに対して、外来魚類は1～2匹しか取れなかったとしている。また小魚類の増加要因として、継続して行ってきたバス・バスターズの駆除活動や、電気ショッカーボードなど一年を通した総合的な駆除活動の成果が表れていると指摘している。

前述のとおり、伊豆沼で夜間休息するマガンは、早朝に一斉に飛び立って周辺の水田に向かい、夕暮れには、ねぐら入りする。マガンが一斉に飛び立つ時の羽音と鳴き声は荘厳であり、多くの見学者が訪れるが、観察者のマナー、特に、車のライトやカメラのフラッシュの影響が問題視されている[5]。

伊豆沼・内沼サンクチュアリーセンターは、「夜間のライトなどの光はマガンの行動に影響します。飛び立ち前、ねぐらで休んでいるときに、光による妨害が大きいとマガンはねぐら場所を変えることがあります。撮影時に、フラッシュをたいて撮影しないでください。また、ねぐらのある水面を車のライトで照らさないで下さい」、「鳥を驚かさないように、適度な距離をとって観察してください」と立て看板等で注意を呼び掛けている（写真7-6参照）。

第7章　水田と一体となったラムサール条約登録湿地の保全と活用　　163

写真7―6　注意を呼びかける立て看板（伊豆沼周辺）

出典）林撮影（2015.2.10）

　また、類似の問題として「野鳥への給餌」（写真7―7）がある。現地には「伊豆沼・内沼における渡り鳥等への餌付けの自粛のお知らせ」が掲示されている。これは平成21年10月付けで、栗原市若柳愛鳥会、登米市迫町白鳥・ガン愛護会、日本雁を保護する会、宮城県伊豆沼・内沼環境保全財団、栗原市、登米市の連名で出された文書である。同掲示は、朝夕に行っていた愛鳥会、財団などの組織が行う渡り鳥等への餌付け中止を知らせるものだが、餌付けによる鳥の集中化による鳥の間の鳥インフルエンザ等の感染拡大を懸念するとともに、「鳥は沼内のレンコンや沼外の夜間採食により、食物の不足分を補うことができます。鳥と人との本来の関係を構築するには、餌付けを少なくし、餌付けに頼らなくても鳥が自然の中で自立していけるような沼の自然環境の再生活動をすすめることが重要です。今回の鳥への餌付け縮小を通じて鳥と人間とのかかわり、餌付けのあり方についてもお考えいた

だく機会としていただければ幸いです」としている。

　岡本裕子氏は、次のように指摘する。「野鳥は、自然界の『食べる』『食べられる』というつながりの中で生きている。安易に餌を与えることは、そのバランスを崩しかねない。（略）また、トビのように、餌を与えたことがきっかけで、人の食べ物を狙うようになり、あつれきを生み出した例もある。絶滅が心配されるタンチョウのような特別の例を除き、鳥たちが本来のつながりのなかで生きられる環境を大切にしたい」、「野鳥と親しむ手段はさまざまだ。鳥たちを見つめる中で、その暮らしや自然の仕組みにも、思いをはせてほしい」[6]。

　命あるものに心を寄せ、慈しむことは自然環境や水鳥を保護する第一歩である。地域住民等による、水質悪化対策としてのハスの除去、外来魚防除対策という気の長い地道な作業が支えてきた「渡り鳥の楽園」を象徴する風景と環境を後世に残していくためにも、新たな課題への対応が必要となる。岡本も指摘するように、これらの新たな課題は私たち人間と自然・野鳥とのかかわり方の問題であり、第3の環境問題として、私たちに解決を迫っているといえよう。

写真7—7　オナガカモ、オオハクチョウと親しむ観光客（内沼）

出典）林撮影（2015.2.10）

(2) 片野鴨池

①条約湿地の特徴

片野鴨池は、石川県の南端、福井県との県境に位置する加賀市に位置している。日本海から約1km内陸にある淡水池であるが、アカマツ、コナラなどからなる標高30〜50mの丘に囲まれ、大池にはヒシ、コウホネ、マコモ、ミズアオイなどが自生している（写真7−8、7−9）。

1993年（平成5年）6月、鴨池、水田、ヨシなどの低湿地10haがラムサール条約登録湿地として登録されている。片野鴨池の概要は表7−2のとおりであるが、毎年11月から3月、マガモ、トモエガモ、マガン、ヒシクイなどが、渡りの中継地、越冬地として訪れる地であり、マガン、ヒシクイの西日本最大の越冬地となっている。

鴨池のほとりには、片野鴨池の自然や歴史を学ぶことのできる展示や、坂網猟の道具や装束などの展示解説が行われている「加賀市鴨池観察館」（写真7−10）がある。観察館のシンボルであるトモエガモは絶滅危惧Ⅱ類（VU）であり、極東地域にしか分布しておらず、夏にはシベリア東部で繁殖し、冬には、朝鮮半島や、中国南部、日本では主に日本海側で越冬している。日本に飛来する個体数の約3分の2程度が片野鴨池で越冬している。

②片野鴨池の歴史と人との関わり

片野鴨池は数百年前から周辺農地の灌漑用水池として利用され、人工的な

表7−2　片野鴨池の概要

名称：片野鴨池
位置：石川県加賀市（北緯36度19分、東経136度17分）
標高：2.5〜8.0m
面積：10ha
湿地のタイプ：淡水湖、水田
保護制度：国指定鳥獣保護区特別保護区域、国定公園特別地区
該当する国際登録基準
　3（生物地理区における生物多様性の維持に重要な動植物を支えている湿地）
その他
　EAAP（東アジア・オーストラリア地域渡り性水鳥重要生息地）ネットワーク参加地

出典）環境省（2015）p. 36を部分加筆。

写真7―8　片野鴨池（夏）

出典）林撮影（2014.7.13）

写真7―9　片野鴨池（冬）

出典）林撮影（2016.12.18）

水管理が行われている。夏の間は大池の水を周辺水田に農業用水として配水し、稲の収穫が終わると配水を止め、再び大池に水をため、冬の間は開水面を拡大し、ガン・カモの生息環境を守ってきている[7]。

　トモエガモは日中鴨池で過ごし、夕方には周辺水田に向けて飛び立ち、落ちモミや二番穂などを採食している。資料によれば[8]、トモエガモは加賀市から小松市、福井県あわら市などまで移動している。12月から1月は柴山

写真7―10　加賀市鴨池観察館

出典）林撮影（2014.7.13）

潟干拓地、大聖寺川河口付近、2月から3月には加賀市金明地区や東谷口地区、あらわ市細呂木地区を利用している。また、柴山潟と周辺干拓地の水田が利用されているとのことである。

このため、片野鴨池と水鳥たちの餌場である柴山潟及び大聖寺川流域の干拓水田を一体としたラムサール条約湿地への追加登録を目指しているとの情報もある。

鴨池の特徴は「カモを捕る、しかし、カモを守る」という二律背反的に見える点にあり、同池では「坂網猟（さかあみりょう）」という古式猟法のみ解禁されている。

坂網猟は、江戸時代（元禄年間）に大聖寺藩士の村田源右衛門によって始められた猟法といわれ、以降、大聖寺藩が武士の鍛錬のため推奨してきた。この猟は11月15日から2月15日の間、夕暮れのわずか30分間だけ行われるもので、ラムサール条約の基本理念の一つである「賢明な利用」の一形態である。日暮れの峯越えのカモを狙い、池周辺の小高い場所に設けられた坂場（さかば）から、熊手状の網を上方に高く投げ上げて獲るユニークなものであり、江戸時代は武士のみ許されていたが、明治時代に開放された。

現在では、加賀市片野鴨池坂網狩猟保存会を中心に鴨池や猟の保全の取組

みが営まれ、猟期、猟区、捕獲数など厳しく規制されている。

　こうした伝統的な坂網猟が守られ、冬の渡り鳥の楽園となっていた鴨池において、驚天動地の出来事—「ウォーカー中将狩猟事件」が起きたのは、第二次世界大戦後の混乱期である。長い歴史の中で誰にも許されなかった銃による狩猟が連合国の軍人により繰り返し行われたのである。

　銃猟の日常化、長期化による地域住民の生業への影響を懸念し、銃猟の停止を GHQ（連合国最高司令官総司令部）に直訴した人がかつていた。その人の名は「村田安太郎氏」である。

　村田氏と彼を支えた捕鴨組合の情熱と渾身の努力が、関係者の理解と尽力により報われ、銃猟が中止され、片野鴨池と伝統猟は今日に伝わっているのである[9]。

③観察結果のフィールドノート

　近年、片野鴨池周辺において取り組まれているのは、冬の間、周辺の水田に水を張る「ふゆみずたんぼ」（冬期湛水水田）の普及によるカモの餌場の回復である（写真7—11〜14）。最近ではより発展的な取組みとして、秋起こしをしたところにカモが下りて、起こしていない二番穂をたべられるようにする「シマシマたんぼ」や、暗渠と水戸口を閉め雨水をためる「あまみずたんぼ」も推進している[10]。

　こうした水鳥の越冬環境が改善には農家の協力が必要不可欠であり、農業と鴨池のカモの保全の両立を目指す活動として、水田に水を溜めカモの餌場とし、そこでとれたお米を地域ブランド米「加賀の鴨米ともえ」として販売している。加賀の鴨米は、カモや水田環境の保護に貢献しているコシヒカリとして好評を得ている。

　こうした取り組みは、害獣と評される水鳥と農業（農家）との対立関係をwin-win の関係に止揚するものと評価できるであろう。

　また、トモエガモを始めとする生物の良好な生育環境を守ることにより、持続可能な農業や生物多様性を創り上げていくきっかけとなることが期待できる。つまり、こうした取り組みは、ある具体的な動物（トモエガモ等の水鳥）

写真7—11　ふゆみずたんぼの取組み（黒崎町地区）

出典）林撮影（2016.12.18）

写真7—12　ふゆみずたんぼの取組み（大聖寺下福田地区）

出典）林撮影（2016.12.18）

が生きられる環境、すなわちその動物が頂点となる豊かな生態系ピラミッド（条約登録湿地の周辺地域全体の生物多様性）を保全し、保全活動を通して、地域社会や地域経済の活路を見出していくことを企図するものである。

　また、最近では、ラムサール条約湿地の自然環境を守り育むため「ふゆみずたんぼ」に取り組む、宮島沼、蕪栗沼、片野鴨池の各農家が、「ふゆみずたんぼ」で栽培したお米の共同販売のコラボレーションを行っている。こう

写真7—13　ふゆみずたんぼの取組み（片野町前田地区）

出典）林撮影（2016.12.18）

写真7—14　ふゆみずたんぼの取組み（黒崎町地区）

出典）林撮影（2016.12.18）

した取り組みは、各地の活動支援につながるだけでなく、広域的な地域連携による地域産業の活性化（地域創生）策としても注目されるところである[11]。

(3) 佐潟

①条約湿地の特徴

国内最大の「砂丘湖」といわれる佐潟（さかた）は、新潟市西区赤塚地区

第7章　水田と一体となったラムサール条約登録湿地の保全と活用　　171

写真7―15　佐潟（下潟）

出典）林撮影（2015.12.18）

にある（写真7―15）。佐潟の概要は表7―3のとおりであるが、上流側の小さな上潟（うわがた）と、下流側の大きな下潟（したかた）の大小二つの潟から構成される淡水湖である。佐潟の面積は43.6ha、標高は5m、水深は1mと浅く、湖底は船底型をしている。外部から流入する河川はなく、周辺砂丘地からの湧水と雨水により涵養されている。この上潟、下潟と周辺の低湿地が、平成8（1996）年にラムサール条約湿地として指定されている。

佐潟は海抜15～40mの砂山に囲まれ、斜面にはクロマツなどが点在し、

表7―3　佐潟の概要

名称：佐潟
位置：新潟県新潟市（北緯37度49分、東経138度53分）
標高：5.0m
面積：76ha
湿地のタイプ：淡水湖
保護制度：国指定鳥獣保護区特別保護区域、国定公園特別地区
該当する国際登録基準
3（生物地理区における生物多様性の維持に重要な動植物を支えている湿地）
5（定期的に2万羽以上の水鳥を支える湿地）
6（水鳥の1種または1亜種の個体群で、個体数の1％以上を定期的に支えている湿地）
その他
EAAP（東アジア・オーストラリア地域渡り性水鳥重要生息地）ネットワーク参加地

出典）環境省（2015）p. 34を部分加筆。

スイカやダイコンなどの畑が広がっている。陸地から佐潟の水辺にかけての移行帯には、植栽されたアカマツやクロマツの群落、タブノキ、オニグルミなどが自生する林地、ヨシやヤナギなどの群落があり、水際近くにはショウブやマコモ、水域にはハス、ヒシ、ミズアオイ、オニバスなどが生えている。

佐潟は、東アジア地域におけるガン・カモ類の渡りルート上に位置し、水鳥にとって重要な生息地となっており、1981年（昭和56年）には国指定の佐潟鳥獣保護区として鳥獣の保護が図られてきました。鳥類だけではなく、国のレッドリスト等で絶滅危惧Ⅱ類に選定されているオニバスをはじめとした植物や、魚介類なども豊富に生息・生育し、多様な生きものによる生態系が形成されている。

佐潟はガン・カモ類を中心とした渡り鳥の越冬地として知られ、代表的な水鳥として、コハクチョウ、マガモ、コガモなどが挙げられる。コハクチョウや多くのカモ類は冬に訪れ、佐潟を休憩地としながら、採食地である周辺水田と行き来している。佐潟は湧水により水温が比較的高いため凍結しにくく、周辺湖沼が凍結した場合には避難場所として利用され、2万羽を超えるカモ類が観察されることもあるという。その他、オオタカなどのワシタカ類や、春から夏にかけてヨシ原に生息するオオヨシキリなど、207種類の鳥類

写真7－16　佐潟水鳥・湿地センター（内部）

林撮影（2015.12.18）

が観察されている。

佐潟周辺地域は、佐渡弥彦米山国定公園の一角に位置し、自然公園法の第3種特別地区となっており、開発等が規制されている。また、鳥獣保護管理法に基づく国指定鳥獣保護地区の他、新潟市都市公園区域に指定されており、「佐潟水鳥・湿地センター」（写真7−16）が学習、交流の拠点として整備されている。

②佐潟の歴史と人の関わり

佐潟の歴史と人の関わりについて、明治期から現代までの間を中心にみていくことにする[12]。明治期には、漁業権の申請、蓮根組合存在の記録があり、赤塚村（当時）の財政に佐潟の恵みが大きくかかわっていた。赤塚地区では、農業をはじめとした全ての用水に佐潟の水が利用されていた。潟の湧水を出やすくするため、夏の水枯れ時には潟にたまった泥を泥や枯れた水草を取り除く「潟普請（かたぶしん）」が住民総出で行われていた。潟普請は用水の確保だけでなく、漁業にとっても必要なことであった。用水の管理については、赤塚で水回りの管理人が決められ、潟の水門の調整や用排水の見回りなどが行われていた。

佐潟の岸辺では、明治時代以前から稲作が行われており、終戦直後にも開墾が進み、水田の風景が広がっていった。この水田には、春になると佐潟の湖底から掻き揚げてきた泥（植物遺骸）を舟で運び、有機肥料として入れられていた。

このように、1960年代（昭和40年頃）までは農業用水池やコイ・フナ類などの淡水魚の良好な漁場として、人々の生活になくてはならないものであり、地域住民との直接的な関わりがみられた。つまり、潟の湿地としての生態系は、地域の人々の生活との密接な共存関係の中で維持されてきたのである。

1960年代の高度経済成長期以降、社会環境が変化し、潟の恩恵を必ずしも必要としない生活様式が地域に広がってきた。周辺砂丘の松林が畑に変わり、砂丘自体の整理減少もあった。また、1970年（昭和45年）頃からの減反

政策により岸辺の水田は減少し、1982年（昭和57年）頃からは新潟市による佐潟公園整備事業が始まり、新たな佐潟の活用展開がみられるようになった。その結果、昭和から平成にかけて地域住民による潟の利用は、漁猟とわずかな農業用水の利用ぐらいとなり、水田だった岸辺もヨシ原へと変化し、水質悪化（富栄養化）が進展した。

　1996（平成8）年にラムサール条約湿地に登録されたことをきっかけとして、地域住民は「佐潟クリーンアップ活動」を立ち上げ、底泥の潟外排出や水生植物の枯死体回収など、かつての潟普請を現代版として復活させる取り組みなどが佐潟水鳥・湿地センターを拠点に行われており、2015年度で19回を数えている。

　また、新潟市も水質改善と湿地の環境保全を意識した取り組みを地域との協働で実施するほか、平成12（2000）年に「佐潟周辺自然環境保全計画」を策定し、「里潟の精神」や「ラムサール条約の精神」に基づき、地域住民を

表7—4　「佐潟の歴史と人の関わり方」の変化

	昭和前期	昭和後期から平成	現在
保全	潟普請 （舟道浚渫／夏／住民全体）	潟普請の消失 揚水機場の完成でかんがい用水利用がなくなる	潟普請の復活 （底泥浚渫／秋／住民全体）
	ゴタ上げ（底泥を潟田へ／春／各自）	ゴタ上げの消失	ゴタ上げ（底泥の一部を堆肥利用）
	水路維持 （通年／各自）	水路維持作業の消失 減反政策で潟田耕作がなくな	ヨシ刈りや水路復元 （秋／新潟市・住民）
賢明な利用	稲作（春〜秋／各自）	稲作の消失 減反政策で潟田耕作がなくな	ヨシ原 ヨシを堆肥として利用
	溜池（下流水田への給水／春夏）	溜池の役割消失 揚水機場の完成でかんがい用水利用がなくなる	採取 盆花、トバス（工作用）など食以外に利用
	採取（蓮根・菱（秋）、魚（冬）／潟主）	採取活動の低下 食環境・社会環境の変化	憩い、環境教育、自然観察会ほか新たな利用
	住民の密接な関わり	住民の関わりの低下	住民のかかわりの復活 市民・NGO NPO・行政の協働

出典）新潟市（2011, p. 4）を一部改変。

はじめ関係団体や行政が、佐潟に関する様々な活動や環境教育といった取り組みを行うことで、佐潟やその周辺環境が、持続的に利用され、国際的に重要な湿地として将来にわたり保全されることを目的とした諸施策を展開している。以上の「佐潟の歴史と人の関わり方」についてまとめると表7—4のとおりとなる。

③観察結果のフィールドノート

平成27年の佐潟には、10月1日に3羽のハクチョウが飛来したことが確認され、調査直近の調べ（12月11日現在）で5,666羽の飛来が確認されているが、調査時には観察することができなかった。しかしながら、多数のカモ類を観察することができた（写真7—17～19）。著者（林）が確認し得たものとしては、マガモ、ハシビロガモ、コガモ、カルガモなどであった。

佐潟の外周には周遊道が整備されており、佐潟水鳥・湿地センターを起点として、上潟、下潟を一周することができる。全周コースは約5.5km、約1時間30分のコースとなっている。途中には野鳥観察舎等があるが、枯れたハスの群落で採食するマガモや、ヨシ原で休息するマガモ、コガモを見ることができた。

将来の担い手を育成する上で環境教育は重要であるが、とりわけ、環境教

写真7—17　佐潟の水鳥①（マガモ）

出典）林撮影（2015.12.18）

写真7—18　佐潟の水鳥②（コガモ）

出典）林撮影（2015.12.18）

写真7—19　枯れたハスの群落で休息するマガモ等

出典）林撮影（2015.12.18）

育プログラムや教材の開発も大きな課題となる。佐潟水鳥・湿地センターでは、こうしたフィールドを活かし、地域の小中学生を中心に潟を利用した体験学習をコーデイネートしている。また、団体や個人向けにラムサール条約や佐潟の自然や成り立ちなどについて解説を行い、自然環境保全と地域住民の関わりについて普及啓発を行っている。さらに、潟の自然環境保全と賢明な利用の普及のため、佐潟ボランティア解説員による自然観察会を行ってい

る。これらの取組みは、干潟という地域資源を活かした地域活性化策、環境教育の取組みとして注目されるものであろう。

(4) 瓢湖
①条約湿地の特徴

阿賀野市は、新潟平野のほぼ中央に位置し、南側に阿賀野川が流れ、東側の五頭連峰を背にして形成された扇状地に水田が広がる穀倉地帯である。瓢湖（写真7―20）は、この穀倉地帯の中心部、水原地区（旧北蒲原郡水原町）にあるため池である。

その特徴は表7―5のとおりであるが、水深は平均70cm、最大1.2mと浅く、周辺の川から取水しているが、ほとんど流れのない静かな池で、オニビシやハスなどが繁茂し、岸辺にはヨシやマコモが生えている。毎年10月頃から3月頃にかけて6000羽ほどのオオハクチョウ及びコハクチョウが飛来し、越冬する。また、オナガガモ、マガモ、コガモ、ホシハジロなどのカモ類も数多く飛来する。

特に、コハクチョウは東アジア地域個体群の個体数の1％以上を支えている。また、オナガガモを始めとするカモ類も多く渡来し、ハクチョウ類を含

写真7―20　瓢湖

出典）林撮影（2015.12.19）

178　第2部　条約の国内実施をめぐる諸問題の考察

表7—5　瓢湖の概要

```
名称：瓢湖
位置：新潟県阿賀野市（北緯37度50分、東経139度14分）
標高：8.6m
面積：24ha
湿地のタイプ：貯水池、ため池
保護制度：国指定鳥獣保護区特別保護区域
該当する国際登録基準
  2（絶滅のおそれのある種や群集を支えている湿地）
  6（水鳥の1種または1亜種の個体群で、個体数の1％以上を定期的に支えている湿地）
その他
  EAAP（東アジア・オーストラリア地域渡り性水鳥重要生息地）ネットワーク参加地
```

出典）環境省（2015）p. 33を部分加筆。

むガン・カモ類の渡来数は約1万8千羽を数えるなど、コハクチョウ、オナ
ガガモ等の渡来地として、国指定鳥獣保護区特別保護区域に指定され、平成
20（2008）年10月30日にラムサール条約湿地に登録されている。条約湿地
は、江戸時代に灌漑用ため池として造成された瓢湖と、近年瓢湖に隣接して
造成された東新池、あやめ池、さくら池から構成されている。

　瓢湖を訪れるハクチョウは、日中は周辺の田圃で採餌することが多く、
「昼はカモ池」といわれ、カモなどのほうが目立っている。夕方には、瓢湖
に戻り羽を休めている。また、フナやヘラブナなどの魚類、オニヤンマやギ
ンヤンマなどのトンボ類も確認されている。

②瓢湖の歴史と人の関わり

　瓢湖は、農業用水池として人工的に造成されたものである[13]。寛永2
（1625）年にこの地帯が大干ばつにあい、その解決策として翌年（1626年）に
新発田領主の溝口宣直が工事を起こし、寛永16（1639）年に13年の歳月を
要して完成させた。農業用水だけでなく、洪水時には貯水して下流河川が溢
れないよう水害を防ぐ役目を果たしてきたが、現在では、灌漑用水の役割を
終えているといわれている。

　瓢湖は完成当時、湖の南側にもう一つの「外城大堤（とじょうおおつつみ）」
と呼ばれる小池があり、大小2つの四角い池が瓢箪の形をしており、明治

40年頃の新潟新聞（新潟日報の前身）に「瓢湖」という名前で記載されたことから、一般にこう呼ばれるようになった。

明治42（1909）年には上堤を開墾し道路がつくられ、昭和15（1940）年には食糧増産の目的で瓢湖の東側一部を水田化している。また、2000年（平成11年〜12年）には北側に池（さくら池、あやめ池）が造成され、総面積30.4haの「瓢湖水きん公園」となっている。

ハクチョウは、毎年10月上旬に瓢湖に渡来し、3月末に北方に戻っていくが、午前9時、11時、午後3時の一日3回給餌が行われている。

③観察結果のフィールドノート

瓢湖から車で10分ほどの五頭山の麓にある五頭（ごず）温泉郷には村杉温泉、今板温泉、出湯温泉の三つの温泉がある。五頭温泉郷の旅館の宿泊者限定で早朝の瓢湖への送迎バスの運行が行われている。朝6時30分に五頭温泉郷の各温泉をマイクロバスが回り、瓢湖へと向かうものであるが、現地で40分程度の見学が可能である。

こうした取り組みは、見学者の車の過剰集中の緩和などオーバーユース対策として注目される。また、温泉郷全体の取組みであり、誘客による地域活性化の側面を持つものといえよう。

調査にはこれを利用したが、早朝の瓢湖を訪れてまず目に入ったのは、コハクチョウ、オオハクチョウとそれを囲む無数のカモ類の群れであった（写真7−21）。著者（林）が確認し得たものとしては、オナガガモ、マガモ、コガモ、ホシハジロ、キンクロハジロなどであった。

日の出の時間を迎え、周囲が次第に明るくなる中で、早朝の瓢湖の湖面を蹴って、思い思いの方向に飛び立ち、冬空へと吸い込まれていくハクチョウの姿は言葉で言い表せないほど、神々しく美しく、双眼鏡から目を離すことができなかった（写真7−22、7−23）。

ハクチョウたちは、餌を求めて瓢湖から周辺の水田へと飛来するが、宿への帰路の車中で水田に多数の白鳥が採食する姿が見られた。バスの運転手さんの話では、「周辺だけでなく、亀田市や福島潟方面にも出かけているとよ

写真7―21　オオハクチョウと無数のカモ類

出典）林撮影（2015.12.19）

うだ」とのことであった。

　調査当日（2015.12.19）の阿賀野市瓢湖観察舎には、ハクチョウ飛来数は7,377羽と掲示されていたが、バスの運転手さんの話では、「今年は例年よりも9日早く10月1日には飛来したが、ピーク時には1万羽を超えており、最盛期を過ぎている」とのことであった。

　瓢湖が白鳥の名所となった来歴についての案内板が、阿賀野市瓢湖観察舎にある。それによると、「（略）瓢湖には昔から水面に蓋をする程の水禽がおり、白鳥もその頃から渡来し、水原（すいばら）地区の名物でありましたが、猟銃が普及されるにつれ、次第に少なくなり、ついには渡来しなくなりました。昭和二十五年一月突然シベリアから白鳥が飛来し始め、その後毎年最盛期には五千余羽がここで冬を越します。殊に、昭和二十九年二月、吉川重三郎氏が餌付けに成功してからは、渡来中は他に移動することが少なくなり純野生の白鳥がこんなに人に馴れ、人が与える餌（もみ）を喜んでたべることは大変珍しいものであり、白鳥の湖として瓢湖は著名なものとなりました。（略）」との解説が掲げられている。

　白鳥の渡来地「瓢湖」は、案内板記述のとおり、昭和29年、故吉川重三郎さんと長男の繁男さんが日本で初めて野生の白鳥の餌付けに成功したこと

第7章 水田と一体となったラムサール条約登録湿地の保全と活用　　*181*

写真7─22　早朝の瓢湖を飛び立つハクチョウ①

出典）林撮影（2015.12.19）

写真7─23　早朝の瓢湖を飛び立つハクチョウ②

出典）林撮影（2015.12.19）

で全国的に有名となった[14]。

　2人は「白鳥おじさん」として観光客や地元住民から親しまれてきたが、故吉川繁男さんが平成6年に高齢を理由に引退してから20年近く経過し、白鳥おじさんは"空席"となっており、復活が望まれていたことから、平成25年1月に3代目白鳥おじさんの齊藤功さんが就任している。今日ではあまり知られていない故吉川親子の献身的な白鳥保護活動がラムサール条約登

録湿地への第一歩となったのである。

4　おわりに

　以上、本章では、水田と一体となったラムサール条約登録湿地である伊豆沼・内沼（宮城県）、片野鴨池（石川県）、佐潟、瓢湖（新潟県）に焦点を当て、各登録湿地の現状把握を試みた。

　水田と一体となった条約登録湿地は、その区域に水田を含む、含まないとの違いがあるものの、湖沼と周辺水田のそれぞれが渡り鳥をはじめとする鳥類等の休息地と餌場の役割を果たしている。つまり、湖沼と周辺水田が相互に補完しあい、水鳥をはじめとする生物多様性を支えている点で共通している。

　前出の表7―4に典型的に見るように、これまで、水田とその周辺の水路（水場）、ため池、里山林は、下草狩りや池干しといった、日常生活の中でおこなわれる適度なかく乱によって保たれ、生物多様性が育まれてきた。しかし、生活様式の変化により、このバランスが崩れつつあることから、様々な地域環境問題が発現していることが確認できた。こうした課題は、私たち人間と自然（湿地）・野鳥とのかかわり方の問題と言えよう。片野鴨池と補完関係にある柴山潟をラムサール条約湿地にしようとする動きや、ふゆみずたんぼの取組みが注目される。

　こうした取り組みは、地域にみられる鳥類（トモエガモ、ハクチョウなどの水鳥）が生きられる環境、すなわちその動物を頂点とする豊かな生態系ピラミッド（条約登録湿地の周辺地域全体の生物多様性）を保全、再生し、地域での保全活動を通して、地域社会や地域経済の活路を見出していくことを企図するものと評価し得よう。

　水田と一体となった条約登録湿地には、今回分析対象とした登録湿地の他、蕪栗沼・周辺水田（宮城県）、円山川下流域・周辺水田（兵庫県）、宮島沼（北海道）があるが、これらについては稿を改め検討を行っていきたい。

第7章　水田と一体となったラムサール条約登録湿地の保全と活用　*183*

1）本調査は、中央学院大学社会システム研究所の研究プロジェクト「ラムサール条約
　に基づく地域政策の展開過程の研究」として実施したものであるが、各湿地の調査
　概要は次のとおりである。
　　伊豆沼・内沼（宮城県）
　　　調査日：平成27（2015）年2月10日〜11日、調査者：林健一・佐藤寛
　　片野鴨池（石川県）
　　　調査日：平成26（2014）年7月13日、調査者：林健一
　　　調査日：平成28（2016）年12月18日、調査者：林健一
　　佐潟（新潟県）
　　　調査日：平成27（2015）年12月18日、調査者：林健一・佐藤寛
　　　現地調査支援として、河内喜文（大学評価・研究支援室課長）が同行。
　　瓢湖（新潟県）
　　　調査日：平成27（2015）年12月19日、調査者：林健一・佐藤寛
　　　現地調査支援として、河内喜文（大学評価・研究支援室課長）が同行。
2）水田決議の和訳については農林水産省のものによった。
　データ出所は http://www.maff.go.jp/j/press/kanbo/kankyo/081105.html［2016.10.
　11 取得］である。
3）伊豆沼干拓史は http://www.melon.or.jp/mkgp/tanbo/2_g_izunuma/index.html
　［2016.10.11 取得］に詳しい。
4）登米市「ラムサール条約登録湿地伊豆沼・内沼の自然野鳥観察 GUIDE MAP」を
　参照した。両沼では、ガン・カモ類による食害が問題となってきたが、稲穂をめぐ
　る農家と鳥の闘いと、ラムサール条約登録湿地への前史となる故高橋昇氏の発案に
　なる「鳥類による農作物被害補償条例」の制定による共存への道筋は、佐藤（2003,
　pp. 115-163）を参照。
5）河北新報記事（平成26年11月15日付け）。
6）毎日新聞記事（平成25年1月28日付け）。記事著者の岡本氏は、日本野鳥の会・
　加賀市鴨池観察レンジャーである。
7）加賀市鴨池観察館（2012）及び環境省（2015, p. 36）を参照した。
8）加賀市鴨池観察館・鴨池観察館友の会「片野鴨池トモエガモハンドブック」を参照
　した。
9）進駐軍猟銃事件の全容は、加賀市片野鴨池坂網猟保存会編（2008）に詳しい。
10）片野鴨池周辺生態系管理協議会（2012）により、この取り組みを推進している。
11）この取り組みはラムサール条約湿地にある宮島沼水鳥湿地センターが窓口となっ
　ている。チラシの URL は次のとおり。
　http://www.city.bibai.hokkaido.jp/miyajimanuma/25_paddy/25_paddy_img/
　ramsar/ramsar-rice.pdf［2016.10.11 取得］
12）以下の記述は、新潟市（2011）「ラムサール条約湿地佐潟―新潟市―」p. 4 を参照
　した。
13）瓢湖の歴史は、阿賀野市（不明）及び本間隆平監修（2003, p. 46）を参照した。
14）故吉川繁尾氏の白鳥への献身的な保護活動の様子は、学研 UTAN 編集部（1993,
　pp. 48-53）に活写されている。

第8章 ウトナイ湖が直面する課題
——環境社会学的な視点から

1 はじめに

　湿地は、動植物が生息・自生するための重要な場所である。水生生物や鳥獣にとっては生育の地であると同時に人間にも豊かな自然環境を提供している湿地を取り巻く地球環境は大きく変化している。

　すなわち、地球環境は20世紀後半から21世紀に入ったころから変化が見られるようになった。地球温暖化をはじめ、異常気象や森林破壊、オゾン層の破壊、巨大台風の発生など、過去には経験がない程の異変が感じられる。それは激しい気候変動による環境悪化である。これは人的要因とされる化石燃料の燃焼によってCO_2やメタン、亜酸化窒素などの温室効果ガスが大気を暖めて地球温暖化を引き起こすことが挙げられる。

　また、大干ばつや大洪水、水質汚染等が世界各地で頻繁に発生した他、アジアやアフリカの発展途上国の急激な人口増や新興国の急激な経済発展に伴って環境破壊が急速に進んだ。

　国連の推計によれば、世界の人口が2015年に約73億人、2025年には約79億人、2050年には約92億人、2100年には約94.6憶人、2150年には約97.5憶人、2200年には100億人と予測されている。人口増加は水需要や食料需要を増加させ、これに伴って、経済活動の拡大や食料増産が必要に迫られる。経済の拡大に伴って人間活動がさらに活発化することによって、資源獲得や資源の争奪が起こり、自然環境や生態系への影響が懸念される。

　本章では、地球を取り巻く環境の大きな変化を念頭に、ラムサール条約登

録湿地であるウトナイ湖の変遷と鳥獣保護施策の概況について、環境社会学の視点から考察していく。

2 ウトナイ湖──小さな川の流れが集まるところ

(1) ウトナイ湖の概要

　北海道の南西部、苫小牧市の東部郊外の勇払原野に位置するウトナイ湖は、面積 275ha、周囲約 9Km、深水 1.2m、平均水深 0.6m の淡水湖（海跡湖）である[1]。アイヌ語で「小さな川の流れが集まるところ」という語源を持つ。湖水容量は約 100 万㎥、流入河川は美々川、勇払川、オタルマップ川の三河川であり、流出河川は勇払川を経て太平洋に注ぐ[2]。

　周囲の湿原や樹林地を含めた面積は 510ha を擁し、鳥獣の生息には良好な地である。1982 年には「大規模ガン・カモ渡来地」として国の指定鳥獣保護区特別保護区に指定された。1991 年（平成 3）12 月 12 日には、釧路湿原、伊豆沼・内沼（宮城県）、クッチャロ湖に続く国内 4 番目のラムサール条約湿地に登録された。

　ウトナイ湖のラムサール条約の経緯を瞥見すれば、1989 年 11 月、苫小牧自然保護協会、日本野鳥の会苫小牧支部、ウトナイ湖サンクチュアリの 3 団体が、苫小牧市長に要望書提出したことがラムサール条約湿地登録への始まりである。市長には条約趣旨、ウトナイ湖保護、国際的なまちづくりの寄与の説明と取り組み等が示された。同年 12 月の市議会で市長は前向きな答弁を行い、市当局は検討を始めた。これを受け、市民への啓蒙活動 チラシ配布などを行い、日本野鳥の会では寄付活動や「湿原の命」などの小冊子の作成など条約制定に向けた市民活動を行った。そして、1990 年 6 月の苫小牧市議会において全会派一致で採択された。苫小牧市では地元町内会への説明をはじめ、環境庁、北海道などと折衝を精力的に行った。その結果 1991 年 12 月 12 日に正式にラムサール条約湿地への登録がなされた[3]。

　ウトナイ湖の湿地のタイプは「低層湿原、湖沼、河川」であり、保護形態

は「国指定鳥獣保護区特別保護区・苫小牧市自然環境保全地区」[4]である。

　北海道は釧路湿原、サロベツ原野、勇払原野の三大原野を有し、いずれも日本を代表する雄大な原野であるが、ウトナイ湖は勇払原野に位置する。北海道は日本の原野の約80%を占め、その中でも釧路湿原は約60%を占める約183K㎡である[5]。

　ウトナイ湖がある勇払原野一帯は、約6000年前は海であった。苫小牧周囲は海抜3mの地域であった。以後、海流や河川に運ばれた砂が堆積した。その後、海退したため勇払原野一帯は広い砂浜となった[6]。勇払原野は「北海道の中央部、石狩湾から苫小牧にいたる低地は石狩低地帯と呼ばれ、かつては広大な低湿地を形成していた。勇払原野はこの湿地帯の南部が太平洋に向かって開けた場所にある」[7]。

　過去の地質時代から幾度となく繰り返された海進と海退、支笏・樽前火山活動や北方や南方からの風など地球の自然活動によって、さまざまな地形が形成された。自然豊かな台地や湿地、湖沼、河川などによって生物相が育まれた[8]。勇払原野の太平洋沿岸には、寒流の親潮、暖流の黒潮が流れているため、「夏には太平洋高気圧から吹き出す風がまず黒潮の温かい水蒸気を吸い上げ、ついで親潮に冷やされて冷涼な霧となって沿岸の低平野に押し寄せ

写真8—1　ウトナイ湖と周辺湿地

出典）佐藤撮影（2015.7.12）

る」[9]。太平洋に面した勇払原野周辺には北海道の表玄関となる苫小牧港や千歳国際空港がある。

　1981年にウトナイ湖には日本で最初のサンクチュアリを開設し、その中心施設「ネイチャーセンター」を開館した[10]。日本野鳥の会は、苫小牧市の協力を得て、土地の借用協定を結び510haの湖周辺の湿地と森林等の地域を日本初のバードサンクチュアリとした。ウトナイ湖周囲を理想の鳥獣保護区として、サンクチュアリのイメージを4条件で定義した。その一つは「野生生物の生息地の確保」、二つ目は「環境の保全（環境管理と調査の実地）」、三番目は「環境教育の場としての活用」、最後に「これからの活動実施野ためのレンジャー（専門スタッフ）の常駐」とした。全国からの募金1億円をもとにネイチャーセンターが建設された[11]。

　日本初のサンクチュアリの設置には様々な候補地が挙げられた。その中でウトナイ湖に決定された経緯は、貴重な自然環境があり、かつ、開発などから緊急に保護の必要性が高いことから決定された。当時、ウトナイ湖の知名度は低いものの、ガン類や白鳥、カモ類が飛来する重要な中継地であった。そしてウトナイ湖の近隣に国家プロジェクトの工業開発計画である「苫東開発」が計画された。その後、1976年からサンクチュアリの建設のために募

写真8―2　板張りの自然観察路

出典）佐藤撮影（2015.7.12）

写真8—3　野生鳥獣保護センターと著者（佐藤）

出典）吉田覚撮影（2015.7.12）

金集めがスタートして、1981年4月に1億円の目標に達した。建設にあたり、苫小牧市から500haを建設用地として借用して建設された経緯がある[12]。

ラムサール条約湿地登録となったウトナイ湖岸は、観察施設の充実が進み、鳥とふれあえる場として開放されて観察小屋や湖岸50ha内には板張りの自然観察路7本が設置され、観察には便利な遊歩道が整備されている。また、これらの場所以外は保護ゾーンとして利用制限がされている。

環境省の「野生鳥獣保護センター」が2002年に開設された。このセンターは国指定の鳥獣保護区の適正な管理と自然教育を行うことを目的としている。児童・生徒の環境教育や普及啓発と傷病鳥獣の救護、リハビリを併せて行う施設は全国初である[13]。

(2) 勇払原野の自然環境と地域開発

日本の湿原の約80％は北海道にあり、その内の釧路湿原（約183km²）が60％を占めている[14]。この中に勇払原野がある。勇払原野は北海道三大原野の一つとして苫小牧市、安平町、厚真町に位置し、7,200haの面積を有する。

190　第2部　条約の国内実施をめぐる諸問題の考察

北海道の中心の道央圏から石狩低地帯の南方に位置する苫小牧市から太平洋に至る一帯を勇払原野と呼ばれている[15]。

当原野は台地、砂丘、湿原、湖沼等と複雑な自然環境を有し、古くから先住民であるアイヌより河川や湖沼を利用し太平洋側と日本海側を結ぶ交通の要衝とし、また天然資源に恵まれ豊富なサケやシカなど自然と共存した文化があった。江戸時代後期から勇払原野の開拓がはじまったものの農業開拓は湿地と霧、火山灰土等に阻まれ進展が困難であった[16]。

勇払原野は火山灰の降灰が堆積して泥炭層に形成された豊かな湿原である。湖沼には水生植物のマコモ、ヒシ等が繁茂している。また、周辺には草原にはヨシ・イワノガリヤスなどやハンノキの低木林、そして、コラナ・ミズナラの二次林が生い茂っている[17]。

その後、高度経済成長期の 1960 年代から第三次全国総合開拓計画の一環として国家プロジェクトの苫小牧東部開発計画がスタートした。当初計画の土地開発の面積は約 1 万 700ha で山手線の内側の面積に匹敵するほどであったが、世界の経済情勢や日本の社会情勢などの変化に伴い、土地の多くが未利用地域として残された。臨空柏原地区と臨海東区、同臨港地区の工業団地や石油備蓄基地が立地されたが、当初の計画面積のほぼ 1 割程度である。

また、農地として開拓を予定された場所は放置され原野化し、結果的には鳥獣の良好な楽園地となり多数の野生の動植物の生息地となっている[18]。

勇払原野は、かつて釧路湿原にも匹敵するほどの広大な面積を有する湿地であったが干拓や都市開発などにより縮小し、現在においては、美々川とウトナイ湖周辺に原生環境を残すのみとなった[19]。現在の勇払原野は、時代の変遷を経て干拓や開拓が行われ 90 年間の間に面積は約 8 分の 1 に減少した。現在に残るわずかな原野は多種多様で豊な自然環境は数多くの野生動植物の貴重な生息地と自生地となっている[20]。

一方、勇払原野のウトナイ湖の周辺は、20 世紀後半から乾燥化が顕著になり、生態系にも変化が見られ懸念されている。特に、ウトナイ湖の平均水位が 1960 年代に 2.3m あったものが、1977 年には 1.6m まで低下した。1998

年から湖下流に可動式のウトナイ堰を胆振総合振興局室蘭建設管理部は設置した。ウトナイ湖の乾燥化の進行を湖水の流出量を調整することによってコントロールしている。湖の乾燥化は周辺に生息する動植物や渡り鳥に等に深刻な影響を与える[21]。

3 ウトナイ湖の鳥獣保護をめぐる課題

(1) ウトナイ湖の渡り性水鳥の概況

2000年～2003年に（財）日本野鳥の会が勇払原野で行ったセンサス等の鳥類相調査の記録では、野鳥は276種で、釧路湿原やサロベツ原野で行われた類似の調査よりも種類数が多く、国内で記録されている野鳥の約半数を占めていた。多様性に含み自然環境が豊かで、また森林と湿原を併せた環境を持つことが特徴であることが明らかになった[22]。

ウトナイ湖は日本有数の渡り鳥の中継地と越冬地として、毎年多数の渡り鳥が飛来する。初冬を迎える時期には、マガンをはじめ、カモ、ヒシクイ、オオハクチョウ、コハクチョウなど数万羽が飛来する。また湖周辺一帯は自然豊かな地であり、湿地はノゴマ、シマアオジの重要な繁殖地で、また、周辺の樹林帯にはオジロワシ、オオワシの越冬地になっている。これまで260

写真8-4 厳冬のウトナイ湖

出典）佐藤撮影（2017.2.8）

写真8―5　雪のウトナイ湖

出典）佐藤撮影（2017.2.8）

種以上の鳥類が確認されている豊かな地である[23]。秋の9月中旬から下旬にかけガン類が渡ってくる。マガンは最大で数千羽、ヒシクイが数千羽になり、秋の間は日中湖で過ごし、12月中には本州や道南の一部に移動する。氷が解ける3月中から下旬に湖に再来する。この時期は秋とは違い渡来数が多く、2014年の記録では10万7千羽以上が記録されている[24]。

　ウトナイ湖周辺の野鳥の80％は渡り鳥である。飛来のルートは夏鳥、冬鳥、旅鳥の3種類によって異なるが、夏鳥は春にオオジシギがオーストラリア、キビタキは東南アジア、シマアオジが中国南部、本州からはオオジュリンなどが繁殖のために渡来してくる。冬鳥はシベリヤやカムチャッカからマガンや白鳥類、カモ類が秋から越冬のために飛来する。また、旅鳥は少数ではあるが南方の東南アジア・オーストラリア地域から北方のシベリヤ・アラスカ地域を往来するムナグロやアオジシギ等のシギ・チドリ類が途中に立ち寄る[25]。

(2) ウトナイ湖の鳥獣保護施策

　ウトナイ湖周辺で確認されていたシマアオジは環境省第4次レッドリスト（2012）には絶滅危惧ⅠA類で危機に瀕している。観察頻度（確認日数／全日数）

は 1997 年まで約 60% であったが、1998 年以降は減少傾向にあった。2004年にネイチャーセンターの北岸において生息の確認がされず、2009 年の調査において南東部の湿原で確認されたものの 2012 年にはその姿は確認されていない。以後の確認はされていない。現在においては、サロベツ原野でしか確認が取れず、近い将来においては日本で繁殖する個体群は、絶滅することが予測される[26]。

　地元紙の苫小牧民報によれば、2016 年の 4 月から 8 月にかけて日本野鳥の会ウトナイ湖サンクチュアリは苫小牧東部地域の野鳥の生息調査を行った。それによると、希少種の野鳥 7 種を確認された。「絶滅危惧 IB 類のシマクイナ（クイナ科）、アカモズ（モズ科）、チュウヒ（タカ科）の他、絶滅危惧 II 類のマキノセンニュウ（センニュウ科）、オオジシギ（シギ科）の生息が確認」している[27]。シマクイナは複数が苫小牧東部地域に繁殖している可能性が高く、そして、アカモズも 6 羽以上が確認され、この地域の自然環境が維持されていることが明らかになった。なお、この調査は 2000 年から毎年この地域で繁殖期に実地調査を行っている[28]。

　このように野生の動植物が減少傾向の中で、鳥獣保護への施策として、「鳥獣の保護及び管理を図るための事業を実施するための基本的な指針」の改訂を行い、その結果 2017 年 4 月から第 12 次基本指針が開始された。鳥獣保護管理法に基づく「鳥獣の保護及び管理を図るための事業を実施するための基本的な指針」の改訂を行った。第 12 次基本指針では鳥獣の管理の強化に伴う懸念への対応として、新たに捕獲情報等を収集する体制整備等の項目が追加された。具体的には、①鉛製銃弾の使用による鳥類の鉛中毒症例の増加懸念から現状を科学的に把握のためモニタリングの体制構築、②わなの使用に伴う錯誤捕獲野増加により、指定管理鳥獣捕獲等事業においては、錯誤捕獲の情報を収集して対策に活用する、③国土全体の鳥獣の保護及び管理状況を科学的に把握し、かつ計画的な目標を設定し順応に見直しするために最低限収集すべき情報の全国的な規格化を進め、捕獲情報を取集する情報システムの整備を図るとしている[29]。

194   第2部 条約の国内実施をめぐる諸問題の考察

(3) 新たな課題——鳥インフルエンザへの対応

　近年増加傾向にある鳥インフルエンザ等感染症対策にも力を注いでいる。2004年以降、野鳥及び家きんにおいて、高病原性鳥インフルエンザウイルスが確認されたことに基づき「高病原性鳥インフルエンザウイルスに係る対応技術マニュアル」が作成された。渡り性水鳥を対象に、全国インフルエン保有状況調査を実施し、その結果の公表している。2016年11月から高病原性鳥インフルエンザウイルス（H5N6亜型）が全国に確認されたことから、関係機関と連携の上、野鳥監視重点区域の指定、野鳥緊急調査チームの派遣等の強化に取り組んでいる。

　また、野鳥の死亡が続発したことにより2016年12月に専門家グループの緊急会合が開催され、新たな発生地域の優先的に検査するためのウイルス検査の効率化、感染防止の観点から給餌野あたえ方の見直。そして人工衛星による渡り鳥の飛来経路調査や国指定鳥獣保護区等の飛来状況を環境省ウェブサイト等で情報提供等を行う。さらにその他の野生鳥獣の感染症の情報収集、発生時の対応の検討に取り組んでいる[30]。

　このような対策に対して、ウトナイ湖の最近の状況は、10月26日の段階ではマガン、シジュウカラガン、ヒシクイ、コハクチョウ、ヨシガモ、ヒドリガモ、キンクロハジロ、カンムリカイツブリ、オオバンなどが確認された。鳥インフルエンザ予防のため2016年10月より2017年5月まで定期的に巡回調査を実施された。そして、本格的な水鳥の渡りシーズン期を迎えた今年（2017）10月からは、ガン・カモ類、ハクチョウ類の監視、巡回が月3回程度を目安に開始されている。調査地点は「駅の道：ウトナイ湖」前湖岸〜ハクチョウ小径〜ウトナイ湖観察小屋で行い、現段階では水鳥の衰弱、死体個体はなく異常はない[31]。

　また、地元紙の苫小牧民報の配信（2017年11月21日）によれば、環境省は11月9日に島根県松江市で高病原性の鳥インフルエンザ（H5N6亜型）を死亡したコブハクチョウから確認した。対応として3段階ある対応レベルのうちレベル1（通常時、情報収集、監視）からレベル2（国内単一箇所発生時、監視強化）

に引き上げた。これによって、ウトナイ湖では従来から行っていた監視体制を強化し、渡り鳥の数の計測と並行して、より厳しい目で監視している。迅速に対応できるよう4人体制で取り組んでいるが、調査時点では、異常が確認されていない[32]。

同年12月1日の段階で、鳥インフルエンザ警戒を兼ねた、水辺の鳥の巡回調査を実施した結果、異常は確認されていない。調査地点は、ウトナイ湖北岸の野生鳥獣保護センターから湖岸の観察小屋までの範囲である[33]。

4 おわりに

映画「不都合な真実」が2006年に公開され、世界に大きな衝撃を与えた。地球温暖化問題を問うアル・ゴア元米国副大統領の積極的な姿勢が世界の人々に共感を与えた。あれから10年の歳月が過ぎ、新たに「不都合な真実2」が公開された。この間、地球環境は悪化の一途辿っている。当時指摘されたように、北極の氷が解け、南極のオゾンホールの拡大、観測史上かつてない大型台風、局地的豪雨など様々な現象が出現している。

21世紀最大の課題—地球環境問題を人類に鋭く問いかけている。その中において、気候変動は地球規模で環境の悪化を導いている。気候変動は地球の自然環境や生態系の全てに悪影響を与え、現在の世代と未来の世代に対して大きな軛となっている。

気候変動の直接的な原因は温室効果ガスである。この温室効果ガスの排出量の削減を行なわずに突き進んだ場合、地球の表面温度は2100年まで産業革命以前の水準と比べて3.7〜4.8℃高くなると予測されている。国際社会で合意した気温の上昇2℃未満に抑えるためには、2050年までに温室効果ガスの総排出量を2100年比で40〜70％減らす必要がある[34]。

2081年〜2100年の21世紀末までに世界平均気温は1986年〜2005年の平均に対する上昇幅は、2.6〜4.8℃になる可能性が高いと推測されている[35]。

気候変動に大きく影響を与えるのは温室効果ガスであり、現実には1990

年以降の世界の温室効果ガス排出量は 50％増加している。特に、開発途上国の国々に与える影響は深刻で、生態系や自然環境に依存度の高く、最も貧しい人々への影響はさけられない。そして、海面上昇は小島嶼国家に対して、民族や国家の存続に関して脅威をもたらしている[36]。

気候変動に関連すると考えられる干ばつ、洪水、台風などの災害は、1980年代に比べ 2000年代に入ってから増加傾向にある。生態系へ影響や作物の不作によって食料不足や難民の発生、ジカ熱等の感染症が発生し世界的な問題として拡大している。気候変動は、21 世紀に入ってから世界各地で毎年のように発生し、あらゆるものに関連する事象が発生している[37]。

このような現象は、自然環境や生態系に悪影響を与え、湿地に生息する動植物等への影響が懸念される。今後の気候変動が更なる悪影響を与えないためにも、地球の環境問題に対して積極的な行動が必要である。

今回、ラムサール条約湿地登録地であるウトナイ湖を題材として環境問題を考察した。日本有数の勇払原野は過去において大規模国家プロジェクト開発などに翻弄されながらも現有の姿が維持されている。ウトナイ湖は、そこに生息、休息する水鳥や水生生物の貴重な地であり、地域の人々へ多大なる生態系サービスの恵みを与え続けている。

勇払原野とウトナイ湖が今後においても自然豊かで水鳥や水生生物の楽園の地であり続けることを祈念する。

1) 環境省『ウトナイ湖』パンフレット参照、発行日不詳。
2) 長谷川裕史・長谷川覚也・竹村健・藤間聡「地下水流動および海陸風を考慮したウトナイ湖の土砂府分布特性について」『水文・水資源学会誌』第 19 巻第 3 号、2006 年 3 月発行、p. 190。
3) 川崎慎二・大畑孝二『自然ガイド勇払原野ウトナイ湖―美々川』北海道新聞社発行、2,005 年 6 月、p. 108。
4) http://www.pref.hokkaido.lg.jp/ks/skn/environ/wetland/ramsargaiyou.htm 参照［アクセス 2017.12.15］。
5) http://www.pref.hokkaido.lg.jp/ss/ssa/grp/01/1-3mizu.pdf 参照［アクセス 2017.12.15］。
6) 環境省『ウトナイ湖野鳥保護センター　ようこそウトナイ湖へ』パンフレット参照、発行日不詳。

7）（財）日本野鳥の会『ウトナイ湖・勇払原野保全構想報告書―野鳥保護資料集大 19
集』2006 年 3 月発行、p. 4。
8）前掲書 p. 4。
9）石城謙吉「勇払原野の自然と歴史」『野鳥』4 月号、（財）日本野鳥の会、2015 年 4
月発行、p. 22。
10）『Annual Report2016』日本野鳥の会発行、2017 年 7 月、p. 8。
11）前掲注 7、p. 9。
12）前掲注 3、p. 107。
13）http://www.pref.hokkaido.lg.jp/ks/skn/grp/06/03utonai.pdf［アクセス 2017.12.17］。
14）http://www.pref.hokkaido.lg.jp/ss/ssa/grp/01/1-3mizu.pdf［アクセス 2017.12.18］。
15）http://park15.wakwak.com/~wbsjsc/011/yufutsu/yufutsutoha.html［アクセス
2017.12.18］。
16）前掲注 7、p. 2。
17）『IBA 白書 2010』（野鳥保護資料第 27 集）、日本野鳥の会発行、2010 年 9 月、p.
52 参照。
18）前掲注 7、p. 2。
19）前掲注 17、p. 52。
20）日本野鳥の会『Annual Report2015』2016 年 8 月発行、p. 2 参照。
21）https://ja.wikipedia.org/wiki/%E3%82%A6%E3%83%88%E3%83%8A%E3%82%A
4%E6%B9%96［アクセス 2017.12.18］。
22）前掲注 7、p. 2。
23）http://www.pref.hokkaido.lg.jp/ks/skn/grp/06/03utonai.pdf 参照［アクセス 2017.
12.17］。
24）北海道ラムサールネットワーク編『湿地への招待　ウエットランド北海道』北海
道新聞社発行、2014 年 9 月、p. 158。
25）前掲注 3、p. 15 参照。
26）日本湿地学会監修『日本の湿地　人と自然多様な水辺』朝倉書店、2017 年 6 月発
行、pp. 64-65。
27）苫小牧民報 2016 年 11 月 1 日。
28）苫小牧民報 2016 年 11 月 1 日。
29）環境省編『平成 29 年度版環境白書』平成 29 年 6 月発行、p. 146。
30）前掲書 p. 147。
31）http：//wbsj-utonai.blog.jp/?p=3［アクセス 2017.12.9］。
32）https://www.tomamin.co.jp/news/main/12639/［アクセス 2017.12.17］。
33）http://wbsj-utonai.blog.jp/［アクセス 2017.12.17］。
34）横田洋三・秋月弘子・二宮正人監修『人間開発報告書 2015』（株）CCC メディア
ハウス、2016 年 8 月発行、p. 155。
35）前掲注 29、p. 31。
36）前掲注 34、pp. 81-82。
37）前掲注 29、p. 31 参照。

巻末資料：Ramsar Handbooks（1巻〜20巻）の概要

　本資料は、Ramsar Convention Secretariat（2010）"Ramsar handbooks for the wise use of wetlands, 4th edition"（湿地の賢明な利用のためのラムサールハンドブック第4版）vol.1〜20を著者（林）が研究資料として訳出したものである。第4版は、2008年の第10回締約国会議の決議、勧告、指針、手引きが組み込まれれており、全21巻が2011年までに刊行されたものである。（21巻については2009〜2015年までの戦略計画のため、訳出を省略した。）

　ネィティブチェック等を経ていないため、著者の語学力を反映して、必ずしも正確な翻訳となっていないが、概ねの全体像を確認していただくことは可能と思われるため、研究書の巻末資料として掲出した。

　各ハンドブックの原典標記は、以下のとおりであるが、いずれも、ラムサール条約事務局ホームページ（http://www.ramsar.org/resources/ramsar-handbooks）[2017.4.14取得] から入手したものを活用させていただいたことに感謝の意を表したい。

　なお、ハンドブック第4版の翻訳については、琵琶湖ラムサール条約研究会が試みており、同HPの翻訳資料（http://www.biwa.ne.jp/~nio/ramsar/projovw.html）[2017.4.14取得] を参照した。

　環境省HP掲載資料（http://www.env.go.jp/nature/ramsar/conv/COP_resluts.html）[2017.4.14取得] による決議、勧告の和訳を参照した。

［ハンドブックの英語原典］

Ramsar Convention Secretariat（2010）"Ramsar handbooks for the wise use of
　　wetlands, 4th edition", vol.1〜20, Ramsar Convention Secretariat, Gland,
　　Switzerland.

Series Editor:：Dave Pritchard

Series Supervisor：Nick Davidson

巻末資料：Ramsar Handbooks（1巻〜20巻）の概要　*199*

Design and layout: : Dwight Peck

Handbook1 : Wise use of wetlands : Concepts and approaches for the wise use of wetlands

Handbook2 : National Wetland Policies : Developing and implementing National Wetland Policies.

Handbook3 : Laws and institutions : Reviewing laws and institutions to promote the conservation and wise use of wetlands.

Handbook4 : Avian influenza and wetlands : Guidance on control of and responses to highly pathogenic avian influenza.

Handbook5 : Partnerships : Key partnerships for implementation of the Ramsar Convention.

Handbook6 : Wetland CEPA : The Convention's Programme on communication, education, participation and awareness（CEPA）2009-2015.

Handbook7 : Participatory skills : Establishing and strengthening local communities' and indigenous people's participation in the management of wetlands.

Handbook8 : Water-related guidance : An Integrated Framework for the Convention's water-related guidance.

Handbook9 : River basin management : Integrating wetland conservation and wise use into river basin management.

Handbook10 : Water allocation and management : Guidelines for the allocation and management of water for maintaining the ecological functions of wetlands.

Handbook11 : Managing groundwater : Guidelines for the management of groundwater to maintain wetland ecological character.

Handbook12 : Coastal management : Wetland issues in Integrated Coastal Zone Management.

Handbook13 : Inventory, assessment, and monitoring : An Integrated Framework for wetland inventory, assessment, and monitoring.

Handbook14 : Data and information needs : A Framework for Ramsar data and information needs.

Handbook15 : Wetland inventory : A Ramsar framework for wetland inventory and ecological character description.

Handbook16 : Impact assessment : Guidelines on biodiversity inclusive environmental impact assessment and strategic environmental assessment.

Handbook17 : Designating Ramsar Sites : Strategic Framework and guidelines for the future development of the List of Wetlands of International Importance.

Handbook18 : Managing wetlands : Frameworks for managing Wetlands of International Importance and other wetland sites.

Handbook19 : Addressing change in wetland ecological character : Addressing change in the ecological character of Ramsar Sites and other wetlands.

Handbook20 : International cooperation : Guidelines and other support for international cooperation under the Ramsar Convention on wetlands.

巻末資料：Ramsar Handbooks（1巻〜20巻）の概要　*201*

Handbook1
湿地の賢明な利用：湿地の賢明な利用の概念とアプローチ

目次

謝辞

ハンドブックを最大限に利用する

序文

湿地の賢明な利用の概念とアプローチ

セクション1：湿地の賢明な利用と生態学的特性の維持のための概念的枠組み

　前書き

　湿地生態系用語

　湿地の賢明な利用のための概念的枠組み

　湿地の「生態学的特性」と「生態学的特性の変化」の定義を更新

　湿地の「賢明な利用」に関する最新の定義

セクション2：人間の福祉と湿地：昌原（チャンウオン）宣言

付録1：ラムサール条約の賢明な利用と持続可能な利用、持続可能な開発および生
　　　　態系アプローチとの関連

付録2：賢明な利用の概念の実現に関する追加ガイダンス

付録3：湿地の賢明な利用のためのラムサールハンドブック：ハンドブックの内容
　　　　2-［20］

付録4：特定の変化要因に対処しようとするラムサール条約の原則と手引きの近年
　　　　の例

関連する決議

決議IX.　1：ラムサール条約の賢明な利用の概念を実施するための科学的・技術的
　　　　　な追加手引き

決議X. 3：人間の福祉と湿地に関する昌原（チャンウォン）宣言

Handbook2
国の湿地政策：国家湿地政策の開発と実施

目次

謝辞

ハンドブックを最大限に利用する

国家湿地政策の開発と実施のためのガイドライン

I. 湿地政策の場の設定

1.1　はじめに

1.2　湿地保全の機会

1.3　賢明な利用と湿地政策に関する条約の歴史的背景

1.4　なぜ湿地政策が必要なのか？

1.5　湿地政策とは何か？

1.6　ラムサール条約湿地政策の状況のレビュー

1.7　政策と賢明な利用の関係

1.8　全国湿地政策の承認／採択の水準

II. 国家湿地政策の策定

2.1　主催機関の設立

2.2　全国湿地委員会に関する検討事項

2.3　国家声明書とバックグラウンドペーパー

2.4　国レベルでの湿地の定義

2.5　ステークホルダーの定義

2.6　全国協議の開始

2.7　全国および地方湿地政策ワークショップの実施

2.8 湿地政策作成チームの作成

2.9 次のステップへの政治的支援の確保

2.10 タイムスケール

2.11 協議の完了と政策の追加ドラフトの準備

2.12 内閣覚書の作成

2.13 政府の承認と承認の発表

III. ポリシー文書の整理

3.1 政策テキストのセクション

3.2 目標と原則

3.3 全国湿地政策の目的

3.4 政策実施戦略

3.5 国家戦略の例

IV. 政策の実施

4.1 政策実施責任者の定義

4.2 実施ガイドラインの作成

4.3 必要なリソースの定義

4.4 立法要求事項

4.5 閣僚間の調和

4.6 調整ニーズ

4.7 実施計画の策定

4.8 トレーニング

4.9 国家間の経験共有

4.10 国家モニタリングプログラムの確立

4.11 参考文献

V. レファレンス

204

付録

付録1：湿地政策の確立のための優先事項

付録2：決議6.9国家湿地政策の策定と実施のための枠組み

付録3：ラムサール条約締約国または地域による国家湿地政策、行動計画／戦略の
サマリー

関連する決議

決議Ⅶ．6：国家湿地政策の開発と実施のためのガイドライン

Handbook3
法と制度：湿地の保全と賢明な利用を促進するための法律と制度の再検討

目次

謝辞

ハンドブックを最大限に利用する

序文

セクションⅠ：湿地の保全と賢明な利用を促進するための法制度の見直しのための
ガイドライン

1.0 法制度レビューの目的

2.0 法制度レビューの準備

  2.1 審査のための政治的および制度的責任を確立する

  2.2 レビューチームを設置する

  2.3 レビュー方法を定義する

3.0 法制度レビューを実施する

  3.1 関連する法的および制度的措置の知識ベースを確立する

3.1.1　湿地に関する法的・制度的措置を特定する

3.1.2　湿地に直接又は間接的に影響を与える部門、法制度措置を特定する

3.2　知識ベースの評価

3.2.1　湿地保全と賢明な利用を促進する上で既存の湿地に関連する法制度措置の有効性を評価する

3.2.2　部門別の法的・制度的措置が湿地に直接的または間接的にどのように影響するかを分析する

3.3　保全と賢明な利用を支援するために必要な法制度的変化を勧告する

セクションⅡ：湿地の保全と賢明な利用を促進するための法制度の見直し―バックグラウンドペーパー

1.0　イントロダクション

2.0　ラムサール、賢明な利用と法

3.0　保全と賢明な利用を制限する法制度措置の特定

4.0　賢明な利用を促進するための法制度措置の開発

5.0　結論

6.0　参考文献

関連する決議

決議Ⅶ．7：湿地の保全と賢明な利用を促進するための法制度の見直しに関するガイドライン

Handbook4
鳥インフルエンザと湿地：高病原性鳥インフルエンザの防除および
対応に関する手引き

目次

謝辞

ハンドブックを最大限に利用する

序文

高病原性鳥インフルエンザの継続的な広がりに対応するためのガイダンス

導入と指令

1. 高病原性鳥インフルエンザ、特に湿地でのアウトブレイクの発生と対応に関連するガイダンス

   1.1　はじめに

    1.2　ガイダンスフレームワーク

    1.3　高病原性鳥インフルエンザ H5N1 に関する良好な実践指針の指令集

2. 水鳥にとって重要なラムサール拠点やその他の湿地での鳥インフルエンザリスクを軽減するためのガイドライン

   2.1　サマリー

   2.2　はじめに

   2.3　リスクアセスメント

   2.4　リスク削減対策

   2.5　ワイルド・バード・サーベイランス

   2.6　アウトブレイク対応計画

   2.7　参考文献

3. 監視プログラムや野生動物の死亡事象、特に湿地での野外評価の際に収集される推奨鳥類学的情報

   3.1　収集すべき推奨情報

   3.2　死亡鳥の写真撮影に関する指針

4. 鳥類専門パネル

   4.1　組成

巻末資料：Ramsar Handbooks（1巻〜20巻）の概要　　*207*

4.2　設立

4.3　規模と連邦の状態

4.4　作業モード

4.5　緊急鳥類学フィールド

4.6　国際的なネットワーキング

4.7　教訓

4.8　参考文献

付録

付録1.　高病原性鳥インフルエンザH5N1の科学的要約：野生生物および保全の検
　　　　討事項

付録2.　鳥インフルエンザおよび野生の鳥類に関する科学タスクフォース

付録3.　用語

関連する決議

決議IX．23：高病原性鳥インフルエンザとそれが湿地及び水鳥の保全と賢明な利
　　　　　用に及ぼす影響

決議X．21：高病原性鳥インフルエンザの拡大継続への対応の手引き

Handbook5
パートナーシップ：ラムサール条約の実施のために重要なパートナーシップ

目次

謝辞

ハンドブックを最大限に利用する

序文

条約の実施のための主要なパートナーシップ

1. 多国間環境協定その他の機関
2. ラムサール条約の国際組織パートナー
3. その他のステークホルダー
4. ビジネスセクター

ラムサール条約とビジネスセクター間のパートナーシップの原則

目標

一般原理

ラムサール条約の潜在的な民間パートナーを特定するための基準

特定の原則

関連する決議

決議Ⅶ．3：国際的団体とのパートナーシップ

決議Ⅹ．11 多国間環境協定及びその他の組織とのパートナーシップと協働

決議Ⅹ．12 ラムサール条約と民間部門とのパートナーシップのための原則

Handbook6
湿地CEPA：コミュニケーション・教育・参加・普及啓発（CEPA）に関する条約プログラム2009─2015

目次

謝辞

ハンドブックを最大限に利用する

序文

湿地に関する条約（ラムサール、イラン、1971年）のコミュニケーション・教育・参加・普及啓発（CEPA）2009─2015プログラム

バックグラウンド

ビジョンと指針原則

ビジョンを追求するための目標と戦略

付録1「コミュニケーション、教育、参加、普及啓発、キャパシティビルディング
　　　およびトレーニング」という用語の意味を理解する
付録2 CEPAナショナルフォーカルポイントの役割と責任
付録3主要アクターとCEPAプログラム実施の追跡
付録4湿地に関する条約のCEPAプログラムの可能な目標グループと利害関係者
付録5現在のラムサールCEPA決議X.8と、置き換えられたCEPA決議VII.9と
VIII.31との関係

関連決議

決議X．8 ラムサール条約2009—2015年交流・教育・参加・普及啓発（CEPA）
プログラム

Handbook7

参加型湿地管理：湿地管理における地域社会と先住民の参加の確立と強化

目次

謝辞

ハンドブックを最大限に利用する

序文

略語と用語

**セクションI：地元コミュニティの確立と強化のためのガイドラインと先住民の湿
地管理への参加**

　I. イントロダクション

　II. 参加型事例研究から学んだ教訓の概要

III. 魅力的な地元住民と先住民

IV. 地元住民と先住民の関与の測定

V. 参加型アプローチのテスト T

セクションⅡ：湿地管理ツールとしての参加型環境管理（PEM）

セクションⅢ：湿地管理における地域社会と先住民の関与 ― 資源文書

Chapter 1 イントロダクション

Chapter 2 地域社会からの参加の教訓

Chapter 3 参加型アプローチの実施

Chapter 4 モニタリングと評価

その他のリソース

付録Ⅰ：ケーススタディの概要

関連する決議

決議Ⅶ. 8：湿地の管理への地域社会及び先住民の参加を確立し強化するための
　　　　　ガイドライン

決議Ⅷ. 36：湿地の管理及び賢明な利用のための手段としての参加型環境管理
　　　　　（PEM）

Handbook8
水関連の手引き：条約の水関連の手引きの統合枠組み

目次

謝辞

ハンドブックを最大限に利用する

巻末資料：Ramsar Handbooks（1巻〜20巻）の概要　　*211*

序文

ラムサール条約の水関連ガイダンスのための統合枠組み

1. 水とラムサール条約―概要

　1.1　ラムサール条約はなぜ水について懸念する必要があるのですか？

　1.2　水管理者はラムサール条約に関与する必要があるのはなぜですか？

　1.3　なぜ湿地管理者は水管理に関与する必要があるのですか？

2. 水循環に関連するラムサール条約の一連の決議と指針

3. 環境中の水

　3.1　水循環は、環境のすべての構成要素をサポートし、リンクする

　3.2　水循環は生態学的プロセスによって規制されている

　3.3　より広い環境の変化は水に影響する

　3.4　水循環の一部で生態系への影響は、他の人に伝播することができます ― 多くの場合、予期せぬ結果に

4. 水循環から見た水資源管理

　4.1　水：生態系の不可欠な部分

　4.2　良質な水の十分かつ確実な供給は、健康で機能する生態系に依存する

　4.3　水資源管理には、分野横断的な政策、ガバナンスおよび制度的プロセスが必要である

　4.4　総合水資源管理におけるラムサールの役割

　4.5　ラムサールの水関連ガイダンスの作成と実施の原則

5. ラムサール条約の水に関するガイダンスの枠組み

6. 水に直接関係するラムサール条約の決議とガイダンス

6.1 水関連の決議とガイダンス文書の簡単な説明

7. 水関連ガイダンスの枠組みの継続的な開発

関連する決議

決議IX. 1：ラムサール条約の賢明な利用の概念を実施するための科学的・技術的な追加手引き

Handbook9

河川流域管理：河川流域管理への湿地保全と賢明な利用の統合

目次

謝辞

ハンドブックを最大限に利用する

序文

湿地保全と賢明な利用を河川流域管理に統合するための統合ガイダンス

1. 条約テキストにより与えられたガイダンスと締約国会議のこれまでの決定

2. イントロダクション

2.1 水と水に関連する生態系サービスのための湿地の重要性

2.2 河川流域管理に関する条約の発展

2.3 ラムサール、湿地、河川流域管理の枠組みにおける統合の理解

2.4 河川流域管理に湿地を統合するための指針

2.5 河川流域管理における湿地の統合の改善

3. 河川流域管理への湿地の統合：科学技術指導の概要

3.1 「クリティカルパス」アプローチ

3.2 水分野および他の部門との同期

4. 河川流域管理への湿地の統合：開始

5. 河川流域管理への湿地の統合：国レベルでの科学技術指導

5.1 国レベルでの準備段階

5.2 国レベルでの政策と立法

5.3 制度開発

5.4 コミュニケーション、教育、参加および認識（CEPA）

5.5 統合河川流域管理の実施能力

6. 河川流域管理への湿地の統合：河川流域における科学技術指導

6.1 準備段階と計画段階の一般的な順序

6.2 河川流域における準備段階

6.3 河川流域における計画段階

6.4 河川流域における実施段階

6.5 河川流域での検討フェーズ

7. 河川流域管理への湿地の統合：国際協力とパートナーシップ

7.1 河川流域と湿地システムに関する特別な問題

7.2 関連する条約、組織、イニシアティブとのパートナーシップ

8. レファレンス

締約国のためのガイドライン：

A：湿地の保全と賢明な利用を河川流域管理に統合する原則

B：統合された河川流域管理のための国家政策と立法に関する締約国のためのガイドライン

C：河川流域管理機関の設立と統合された河川流域管理のための制度能力強化のための締約国に関するガイドライン

D：統合された河川流域管理に関連するCEPAのための国家政策およびプログラムに関する締約国に関するガイドライン

E：統合された河川流域管理へのステークホルダー参加に関する国家政策に関する締約国のためのガイドライン

F：湿地を河川流域管理に統合するための適切な実施能力を確立するための締約国に関するガイドライン

G：河川流域における支援政策、法律、規制の確立に関する締約国のためのガイドライン

H：河川流域における適切な制度整備に関する締約国のためのガイドライン

Ｉ：河川流域におけるCEPAプログラムとステークホルダー参加プロセスの開発に関する締約国に関するガイドライン

Ｊ：河川流域管理における湿地のインベントリ、評価、および湿地の役割に関する締約国のためのガイドライン

K：現在および将来の水需給の特定に関する締約国のためのガイドライン

L：湿地とその生物多様性の保護と回復を優先させる締約国のためのガイドライン

M：湿地保全のための自然水管理の維持に関する締約国のためのガイドライン

N：土地利用と水開発プロジェクトが湿地とその生物多様性に及ぼす影響の評価と最小化のためのガイドライン

O：共有河川流域および湿地システム管理のための締約国に関するガイドライン、関連する条約、組織およびイニシアチブとのパートナーシップ

関連する決議

決議Ⅸ.3：水を扱う進展中の多国間協議プロセスにおけるラムサール条約の取り決め

巻末資料：Ramsar Handbooks（1巻～20巻）の概要　　*215*

決議Ⅹ．19：湿地と河川流域管理：統合的な科学技術的手引き

Handbook10

水の配分と管理：湿地の生態学的機能を維持するための水の配分と管理のためのガイドライン

目次

謝辞

ハンドブックを最大限に利用する

序文

セクションⅠ：水を維持管理するための水の配分と管理のためのガイドライン

　イントロダクション

　原則

　原則の適用

　意思決定のフレームワーク

　水の配分を決定するプロセス

　ツールとメソッド

　実施

　結論

セクションⅡ：湿地生態系機能を維持するための水の配分と管理：プロセス、戦略、ツール

　1. イントロダクション

　2. 水資源管理の分野における湿地生態系とその機能

　3. 湿地生態系のための水管理

　4. 意思決定プロセス

　5. 湿地生態系の水配分を決定するためのツール

216

6. 湿地生態系への水配分の実施のための戦略の開発

7. 湿地生態系への水配分の実施のための管理ツール

関連する決議

決議Ⅷ. 1：湿地の生態学的機能を維持するための水の配分と管理のためのガイ
ドライン

Handbook11
地下水管理：湿地の生態学的特徴を維持するための
地下水管理に関するガイドライン

目次

謝辞
ハンドブックを最大限に利用する
序文
湿地生態学的特性を維持するための地下水管理ガイドライン

1. 背景

2. はじめに

3. 地下水関連の湿地の概要

   3.1 地下水および地下水関連の湿地の種類

   3.2 地下水と湿地の機能的リンク

   3.3 地下水質と湿地

4. 地下水関連の湿地を理解する

   4.1 地下水と湿地の接続性の可能性の評価

   4.2 湿地と地下水との間の水文学的リンクの理解

   4.3 水移動機構の定量化

   4.4 水収支による理解のテスト

巻末資料：Ramsar Handbooks（1巻〜20巻）の概要　　*217*

    4.5　水収支方程式の使用の理解の不確実性

    4.6　水バランスの境界を定義する

    4.7　水のバランスにおける時間ステップの選択

    4.8　記録期間

    4.9　モデリングによる水文影響の予測

  5.　湿地を維持するための地下水管理戦略の枠組みに向けて

  6.　用語集

  7.　参考文献

付属書類

  附属書1　地下水関連の湿地における水の移動メカニズム

  附属書2　景観の位置と水の移動メカニズムの関連性

  附属書3　水収支の例

関連する決議

決議IX．1 ラムサール条約の賢明な利用の概念を実施するための科学的・技術的
      な追加手引き

Handbook12
沿岸域管理：統合的沿岸管理における湿地の問題

目次

謝辞

ハンドブックを最大限に利用する

統合的沿岸域管理（ICZM）に湿地問題を組み込むための原則とガイドライン

  これらの原則とガイドラインの目的

  背景と文脈

湿地問題を ICZM に組み込むための原則とガイドライン

  A. 沿岸域におけるラムサール条約と湿地の役割と意義を認識する

  B. 沿岸域における湿地の価値と機能の十分な認識を確保する

  C. 沿岸域における湿地の保全と持続可能な利用を確保するためのメカニズムの使用

  D. 広範な統合された生態系管理における湿地の保全と持続可能な利用の統合に取組む

付録

付録1：ICZM の定義、用語、および現在のアプローチ

付録2：湿地問題を ICZM に組み込むための原則の理論的根拠

関連する決議

決議 VIII. 4：統合的沿岸域管理（ICZM）に湿地問題を組み込むための原則とガイドライン

Handbook13
湿地目録・評価・モニタリング：湿地目録、評価、モニタリングの統合フレームワーク

目次

謝辞

ハンドブックを最大限に利用する

湿地の目録、評価およびモニタリング（IF―WIAM）のための統合された枠組み

I. 背景

II. 条約の実施におけるラムサール条約湿地およびその他の湿地の状況の特定、評価、報告の重要性

III. 湿地目録、評価、モニタリングと管理の関係

IV. 湿地の目録へのマルチスカラーアプローチ、評価とモニタリング

V. 統合湿地目録、評価およびモニタリングの枠組みを実施するためのラムサール締約国が利用できる指導のためのラムサールの「ツールキット」

・湿地目録のためのラムサール枠組み

・湿地目録のためのメタデータ記録

・湿地評価のタイプ

・湿地の迅速な評価

・インジケータ評価

・条約を通じて利用可能な異なる湿地評価ツール間の関係

・湿地モニタリング

・湿地の賢明な使用に関連して、湿地の目録、評価およびモニタリングツールを適用する

・[湿地の生態学的特性の変化を検出し、報告し、それに応じて湿地の目録、評価およびモニタリングツールを適用する]

VI. ラムサールの「ツールキット」のインベントリ、アセスメント、モニタリングガイダンスのギャップ

VII. 統合湿地目録の改善、評価およびモニタリングの優先事項

付録

湿地目録、評価及びモニタリングのための統合的枠組み（IF—WIAM）に含まれる評価ツール

関連する決議

決議IX.1ラムサール条約の賢明な利用の概念を実施するための科学的・技術的な追加手引き

Handbook14
データと情報の必要：ラムサールのデータと情報ニーズの枠組み

目次

謝辞

ハンドブックを最大限に利用する

序文

ラムサールのデータと情報ニーズの枠組み

1. 背景
2. 条約に基づくデータ及び情報を必要とする目的
3. データと情報のニーズを評価するための指針
4. データと情報ニーズのフレームワークを開発するアプローチ

ラムサール戦略計画 2009-2015 に基づき、データと情報の種類のリストを含む、ラムサールのデータと情報ニーズの枠組み

付録：条約の権限の異なる利用可能な分類

関連する決議

決議X. 14：ラムサール条約が必要とするデータと情報のための枠組み

Handbook15
湿地目録：ラムサール条約湿地目録の枠組みと湿地の生態学的特徴の記述

目次

謝辞

ハンドブックを最大限に利用する

序文

湿地目録と生態学的特性記述の枠組み

背景と文脈

湿地目録の枠組み

1. 目的と目的を述べる

2. 既存の知識と情報を再検討する

3. 既存の在庫方法を見直す

4. スケールと解像度を決定する

5. コアまたは最小データセットを確立する

6. 生息地分類を確立する

7. 適切な方法を選択する

8. データ管理システムを確立する

9. タイムスケジュールと必要とされるリソースのレベルを確立する

10. 実現可能性とコスト効果を評価する

11. 報告手順を確立する

12. 在庫を見直して評価する

13. 予備試験を計画する

インベントリの実施

個々の湿地の生態学的特徴を記述する

付録Ⅰ：湿地目録の方法

付録Ⅱ：湿地の目録に関する最も適切なリモートセンシングデータの決定

付録Ⅲ：湿地の目録に適用される遠隔感知データセットの概要

付録Ⅳ：湿地分類

付録Ⅴ：湿地目録の文書化に関する推奨標準メタデータ記録

付録Ⅵ：リストを読む

追加の付録

ラムサールCOP7 DOC 19.3：湿地資源と湿地目録のための優先順位のグローバル
レビュー——概要レポート

関連する決議

決議VIII. 6：湿地目録の枠組み

決議VI. 12：国家湿地目録および登録候補地

決議VII. 20：湿地目録の優先順位

決議X. 15：湿地の生態学的特徴の記述と中核湿地目録に必要なデータとフォー
マット：調和された科学的技術的手引き

Handbook16
影響評価：生物多様性を組み込んだ環境影響評価と
戦略的環境評価に関するガイドライン

目次

謝辞

ハンドブックを最大限に利用する

序文

セクションI

はじめに：影響評価とラムサール条約

セクションII

**CBD生物多様性に関する自主ガイドライン（環境影響評価を含む）とCBD生物多
様性指針のドラフト（包括的戦略的環境アセスメント）**

2006年のCBDガイダンスの2008年ラムサール注釈版の紹介

パート1：CBDの生物多様性に関する自主ガイドライン — 環境負荷評価

　A. プロセスの段階

巻末資料：Ramsar Handbooks（1巻〜20巻）の概要　　*223*

B.　環境影響評価の異なる段階での生物多様性問題

付録1.　国内レベルでさらに詳細に検討される徴候基準の象徴的なセット

付録2.　生態系サービスの象徴的なリスト

付録3.　生物多様性の側面：構成、構造および主要プロセス

パート2：生物多様性包括的な戦略的環境アセスメント

A.　戦略的環境アセスメントは多数のツールを適用する

B.　なぜSEAの生物多様性と意思決定に特別な注意を払うのですか？

C.　SEAに関連する生物多様性の問題は何ですか？

D.　SEAにおける生物多様性への対応

付録：まとめ戦略的環境アセスメントにおける生物多様性に対処する時期と方法
　　　の概要

セクションⅢ
戦略的環境アセスメントの詳細

関連する決議と勧告

勧告6.2：環境アセスメント

決議Ⅶ. 16：ラムサール条約と影響評価：戦略・環境・社会的影響評価

決議Ⅹ. 17：環境影響評価及び戦略的環境影響評価：科学技術的手引きの改訂版

Handbook17
条約湿地への登録：国際的に重要な湿地リストの将来の発展のための
戦略的枠組みとガイドライン

目次

謝辞

ハンドブックを最大限に利用する

序文

国際的に重要な湿地リスト（ラムサール、イラン、1971）を将来に拡充するための戦略的枠組みとガイドライン

I. はじめに

II. 国際重要度湿地リスト（ラムサールリスト）のビジョン、目的、短期目標は、

III. 湿地の国際的重要性とラムサールの賢明な利用の原則

IV. ラムサール条約に基づく優先湿地または指定の識別に体系的なアプローチをとるためのガイドライン

V. 国際重要度の湿地を特定するための基準、その適用のためのガイドライン、および長期目標

VI. 特定の湿地タイプ（カルストおよび他の地下水系、泥炭地、湿地帯、マングローブ、サンゴ礁、一時貯水池、人工湿地）の特定および指定のためのガイドライン

付録A：ラムサール湿地に関する情報シート（RIS）

ラムサール湿地に関する情報シート（RIS）を完成させるための解説とガイドライン

附属書I：湿地型ラムサール分類システム

附属書II：国際的に重要な湿地を特定するための基準

附属書III：ラムサール条約のための地図およびその他の空間データの提供に関する追加ガイドライン

付録B：戦略的フレームワークで使用される用語の用語集

関連する決議

決議VII. 11：国際的に重要な湿地のリストを将来的に拡充するための戦略的枠組み及びガイドライン

決議VIII. 10：国際的に重要な湿地のリストの戦略的枠組みとビジョン実行の向上

巻末資料：Ramsar Handbooks（1巻〜20巻）の概要　　*225*

Handbook18
湿地管理：国際的に重要な湿地と他の湿地を管理のための枠組み

目次

謝辞

ハンドブックを最大限に利用する

序文

国際的に重要な湿地と他の湿地の管理の枠組み

A. はじめに

B. 湿地の「生態学的特性」の記述

C. 経営計画プロセスの開発

Ⅰ　はじめに

Ⅱ　一般的なガイドライン

Ⅲ　河川流域や沿岸域管理を含む広範な環境管理計画における湿地管理の統合

Ⅳ　湿地管理計画の機能

Ⅴ　地域社会や先住民を含むステークホルダー

Ⅵ　環境管理に適用される予防的アプローチ

Ⅶ　管理計画のプロセス

Ⅷ　インプット、アウトプットおよびアウトカム

Ⅸ　順応的管理

Ⅹ　管理ユニット、ゾーニングおよびバッファゾーン

Ⅺ　管理計画の書式

Ⅻ　前文 / 政策

ⅩⅢ　説明

ⅩⅣ　評価

ⅩⅤ　目的

ⅩⅥ　理論的根拠

ⅩⅦ　アクションプラン（管理プロジェクトとレビュー）

D. モニタリングプログラムの設計

E. 湿地リスクアセスメントの枠組み

付録I. サイトの効果的な管理のための湿地の文化的価値を考慮に入れるための指針

付録II. ラムサール条約湿地及びその他の湿地における持続可能な漁業の管理に関する締約国の課題

勧告関連する決議及び勧告

決議5.7：ラムサール登録湿地とその他の湿地のための管理計画

決議VI. 1：登録湿地の生態学的特徴の実用的定義と、生態学的特徴を記載し維持するためのガイドライン、およびモントルーレコードの運用のためのガイドライン

決議VII. 10：湿地リスク評価の枠組み

決議VIII. 14：ラムサール条約湿地及びその他の湿地に係る管理計画策定のための新ガイドライン

決議VIII. 18：侵入種と湿地

決議VIII. 19：湿地を効果的に管理するために、湿地の文化的価値を考慮するための指導原則

決議IX. 4：ラムサール条約と漁業資源の保全、生産、及び持続可能な利用

Handbook19

湿地の生態学的特徴の変化への対処：ラムサール条約湿地と
他の湿地の生態学的特徴の変化への対処

目次

謝辞

ハンドブックを最大限に利用する

序文

ラムサール湿地と他の湿地の生態学的特性の変化に対処する

A. はじめに

B. 湿地生態学的特性の変化を探知、報告、対応のプロセス

C. 条約のモントルーレコードの適用

D. ラムサール条約湿地の取消しまたは縮小：条約第2条5項に基づく「緊急な国家的利益」の解釈

E. ラムサール条約湿地の取消しまたは縮小すること：条約第2条5項以外の理由

F. 修復プログラムの設計

G. 湿地損失の補償と緩和

付録：登録基準を満たさなくなった、あるいはかつて満たしたことのない、ラムサール条約湿地やその湿地の一部についての問題とシナリオ

関連する決議と勧告

勧告4.8：ラムサール条約登録湿地の生態学的特徴の変化についての勧告について

決議5.4：生態学的特徴が既に変化しており、変化しつつあり又は変化するおそれがあるラムサール登録湿地の記録（「モントルーレコード」）

決議VI. 1：登録湿地の生態学的特徴の実用的定義と、生態学的特徴を記載し維持するためのガイドライン、およびモントルーレコードの運用のためのガイドライン

決議VII. 24：失われた湿地生息地等の機能の補償

決議VIII. 8：湿地の現状及び傾向の評価と報告、並びにラムサール条約第3条2項の実施

決議VIII. 16：湿地再生の原則とガイドライン

決議VIII. 20：条約第2条5項に基づく「緊急な国家的利益」の解釈及び条約第4条2項に基づく代償措置検討のための一般的手引き

決議IX. 6：登録基準をもはや満たさないラムサール条約湿地またはその湿地の一

部を扱う指針

決議Ⅹ．16：湿地の生態学的特徴の変化の探知、報告、対応のプロセスの枠組み

Handbook20
国際協力：湿地に関するラムサール条約に基づく国際協力および
その他の支援のためのガイドライン

目次

謝辞

ハンドブックを最大限に利用する

序文

湿地に関するラムサール条約に基づく国際協力のためのガイドライン

1. はじめに

  1.1　条約第5条の解釈

  1.2　締約国会議の過去の決議と勧告により与えられるガイダンス

  1.3　［条約の戦略計画 ― 目標3］

2. 国際協力のための指針

  2.1　湿地と河川流域の管理の分担

  2.2　湿地に依存する種の管理の分担

  2.3　国際的／地域的環境と連携したラムサール条約機関

  2.4　専門知識と情報の共有

  2.5　湿地の保全と賢明な利用を支援する国際援助

  2.6　湿地由来の動植物製品における持続可能な収穫と国際貿易

  2.7　湿地保全と賢明な利用を確保するための外資規制

付録

付録I：湿地に関する条約の枠組みにおける地域イニシアチブのための2009—2012
　　　年の運用ガイドライン
付録II：締約国会議がその第7回から第10回の会合において採択した国際協力に関
　　　連のあるその他の決議と勧告の一覧

関連する決議
決議VII. 19：ラムサール条約の下での国際協力のためのガイドライン

あとがき

　本書は、中央学院大学社会システム研究所の基幹プロジェクト「ラムサール条約に基づく地域政策の展開過程の研究」の研究成果として、プロジェクト構成員の佐藤、林の両名が研究所紀要に発表してきた小論をまとめたものである。

　このプロジェクトは、平成8年度～10年度に本研究所で行われた、文部省科研費・基盤研究（C）研究課題／領域番号08620018「ラムサール条約に対する行政対応の研究」の研究成果である、中央学院大学社会システム研究所編（2003）『湿地保全法制論—ラムサール条約の国内実施に向けて』の諸論考を主に地域政策学の観点から発展継承するものとして、取り組まれているものである。

　本書に収容した小論の初出一覧は、次のとおりである。

(1)「ラムサール条約の観点から見た日本の湿地政策の課題」中央学院大学社会システム研究所紀要第15巻第1号 pp. 1-14（2014年3月）

(2)「日本のラムサール条約湿地の特徴と課題」中央学院大学社会システム研究所紀要第15巻第2号 pp. 13-30（2015年3月）

(3) 有明海のラムサール条約登録湿地の環境保全と地域再生—東よか干潟・肥前鹿島干潟・荒尾干潟の基礎研究—」中央学院大学社会システム研究所紀要第16巻第2号 pp. 24-41（2016年3月）

(4)「水田と一体となったラムサール条約登録湿地の保全と活用」中央学院大学社会システム研究所紀要第16巻第2号 pp. 42-62（2016年3月）

(5)「ラムサール条約湿地のブランド化と持続可能な利用—『ワイズユース』の定着に向けて—」中央学院大学社会システム研究所紀要第17巻第1号 pp. 13-30（2016年12月）

(6)「地方自治体におけるラムサール条約義務等の実質化に関する基礎的検討—地域連携による湿地の保全・再生を目指して—」中央学院大学社会システム

研究所紀要第 17 巻第 2 号 pp. 9-28（2017 年 3 月）

(7)「ラムサール条約の効果的な実施と地方自治体の役割」中央学院大学社会システム研究所紀要第 18 巻第 1 号 pp. 1-20（2017 年 12 月）

(8)「地域連携・協働による湿地保全再生システムの構築に向けた視点と課題」中央学院大学社会システム研究所紀要第 18 巻第 2 号（2018 年 3 月掲載予定）

(9)「ウトナイ湖が直面する課題—環境社会学的な視点から」（佐藤・書下ろし未発表）

　やや内輪話ではあるが、2017（平成 29）年 4 月、中央学院大学では 3 つ目の学部となる現代教養学部を開設したところである。本書の基礎となったラムサール条約プロジェクトは、新学部開設に向けた設置構想や認可申請書の作成・修正作業、関係諸機関との調整作業と並行して行われてきた。佐藤、林の両名は各人の研究とともにこれら作業を分担していた。

　こうした状況のため、時に、文部科学省事前相談の待ち時間の喫茶店や往復の地下鉄千代田線内などにおいて、進行状況報告や諸調整をする中で、本書は生まれてきた。その後、佐藤は初代現代教養学部長に選出され、研究、教育、社会貢献に加えて学部長用務が加わり、多忙度が重畳的に累積、加速していった。このため、本書の編集作業全般や重複部分の削除や時点修正などのリライト作業は、地域政策学を専攻する林が主に担当した。

　私たちの研究は、柳沢弘毅本学名誉教授をはじめ諸先輩により行われた前記「ラムサール条約に対する行政対応の研究」プロジェクトや、関連分野の先行研究に触発されながら取り組んできた。湿地研究の新たなる地平を求めつつも、我々の研究はいずれも未完の論考にとどまっている。先人の高い水準の研究成果に何物かを付け加え得たのか、読者になにがしかの裨益をする点があったのか、はなはだ心もとない限りではあるものの、なんとかこの小冊の発刊にこぎつけることができた。

　ここに至るまでの本研究プロジェクト関連の事務や諸調整、日頃の研究活動を心暖かく支援していただいている本学大学評価・研究支援室の河内喜文

課長と坪根裕子さんに、この場をお借りして改めて御礼を申し上げたい。

　また、本書の刊行にあたっては、株式会社成文堂の編集部小林等氏には、細部にわたる御協力と御配慮をいただいた。この場をお借りして心より感謝を申し上げたい。

　最後に、たまの休日、フィールドワークと称して、湿地や水鳥の観察に出かけていく著者らを温かく送り出してくれた、それぞれの家族にもささやかな謝意を記しておきたい。

　　平成 30 年 3 月

　　　　　　　　　　　　　　　　　　　　　　　　佐藤　　寛
　　　　　　　　　　　　　　　　　　　　　　　　林　　健一

参考文献・資料

青木幸弘（2004）「地域ブランド構築の視点と枠組み」商工ジャーナル2004. 8,
　　pp.14-17

青木幸弘（2008）「地域ブランドを地域活性化の切り札に」ていくおふNo.124,
　　pp.18-25

浅野敏久・光武昌作・林健児郎・榎本隆明（2012）「ラムサール条約湿地「蕪栗沼
　　及び周辺湿地」の保全と活用」広島大学総合博物館研究報告4巻, pp.1-11

浅野敏久・林健児郎・謝珏・趙孫暁（2012）「日本におけるラムサール条約湿地の
　　保全と利用」広島大学大学院総合科学研究科紀要Ⅱ, 環境科学研究 Vol.7, pp.79
　　104

浅野敏久（2013）「韓国のラムサール条約湿地の観光化—成功例とされる全羅南
　　道・順天湾」地理58巻3号, pp.12-18

浅野敏久・金科哲・伊藤達也・平井幸弘・香川雄一（2013）「日本におけるラム
　　サール条約湿地に対するイメージ—インターネット調査による—」広島大学大
　　学院総合科学研究所紀要Ⅱ, 環境科学研究8巻, pp.53-67

浅野敏久・金科哲・伊藤達也・平井幸弘・香川雄一・フンク・カロリン（2015）
　　「ラムサール条約湿地に対するイメージの日韓差—韓国の厳しい湿地保護制度が
　　受容される背景」地理科学vol.70, no.2, pp.60-76

朝格吉楽図・浅野敏久（2011）「屋久島のエコツーリズムをめぐる自然保護と観光
　　利用の均衡」日本研究（広島大学）24号, pp.21-44

荒尾稔（2012）「冬期湛水（ふゆみずたんぼ）による人と水鳥の共生『蕪栗沼』の
　　軌跡」印旛沼流域水循環健全化調査研究報告1巻, pp.113-120

礒崎初仁（2012）『自治体政策法務講義』第一法規

礒崎博司（1996a）「環境条約の効果的な実施に向けて」柳原正治編『国際社会の
　　組織化と法—内田久司先生古希記念論文集』信山社, pp.201-460

礒崎博司（1996b）「環境条約の実施と行政の役割」関西自然保護機構会報18巻2

234 参考文献・資料

号, pp.153-160

磯崎博司（2000）『国際環境法　持続可能な地球社会の国際法』信山社

磯崎博司（2012）「生物多様性に関する国際条約の展開―必要とされる措置の体系化」新美育文・松村弓彦・大塚直編『環境法大系』商事法務, pp.933-951

稲田賢次（2012）「ブランド論における地域ブランドの考察と戦略課題」田中道雄・白石善章・濱田恵三編『地域ブランド論』同文館出版, pp.32-43

井上真（2009）「自然資源『協治』の設計指針―ローカルからグローバルへ」室田武編著『グローバル時代のローカル・コモンズ（環境ガバナンス叢書3）』ミネルヴァ書房, pp.3-25

茨城県（2013）「新しい公共支援事業報告書」

岩沢雄司（1985）『条約の国内適用可能性―いわゆる"SELF-EXECUTING"な条約に関する一考察―』有斐閣

牛山克巳（2003）「事例報告2　マガンの分布とフライウェイ：現状把握とデータの活用」（http://www.jawgp.org/anet/jg008.htm）

江藤俊昭（2015）「基礎自治体の変容―住民自治の拡充の視点から自治体間連携・補完を考える―」日本地方自治学会編『基礎自治体と地方自治（地方自治叢書27）』敬文堂, pp.41-84

荏原明則（2012）「海浜・河川・湿地保全法制度と課題」新美育文・松村弓彦・大塚直編『環境法大系』商事法務, pp.723-750

及川敬貴（2010）『生物多様性というロジック　環境法の静かな革命』勁草書房

及川敬貴（2014）「生物多様性基本法と『環境法のパラダイム転換』の行方」環境法政策学会編『環境基本法制定20周年―環境法の過去・現在・未来』商事法務pp.179-193

及川敬貴（2015）「生物多様性と法制度」大沼あゆみ・栗山浩一編『生物多様性を保全する（シリーズ環境政策の新地平4）』岩波書店pp.11-32

大塚直（2010）『環境法（第3版）』有斐閣

大阪市立自然史博物館・大阪自然史センター編著（2008）『干潟を考える干潟をあそぶ（大阪市立自然史博物館叢書③）』東海大学出版会

大橋美幸（2016）「ラムサール条約湿地の保全と観光利用に関する調査」函大商学論究 49（1），pp.39-65

小川孔輔（2006）『ブランド戦略の実態』日本経済新聞社

奥脇直也・小野寺彰編（2014）「国際条約集（2014年版）」有斐閣

加賀乙彦（2010）『湿原（上）（下）』岩波現代文庫

学研UTAN編集部（1993）「保存版・地球環境白書　守りたい!!日本の『湿地』」UTAN「驚異の科学」シリーズ⑰

河田幸視（2009）「自然資本の過少利用問題―わが国における再生可能制限を中心に―」浅野耕太編『自然資本の保全と評価（環境ガバナンス叢書5）』pp.11-28

川崎慎二・大畑孝二（2005）『自然ガイド　勇払原野ウトナイ湖―美々川』北海道新聞社発行

環境庁野生生物研究会監修（1990）『野鳥の大国　湿地への招待―湖・沼・池・干潟の楽しみ方』ダイヤモンド社

環境省（2012）「生物多様性地域連携促進法　地域連携保全活動計画作成の手引き」

環境省（2012）「生物多様性国家戦略2012-2020～豊かな自然共生社会の実現に向けたロードマップ～」（平成24年9月28日閣議決定）

環境省自然保護局野生生物課（2012）「湿地のツーリズムすばらしい体験・責任あるツーリズムは湿地と人々を支える（翻訳版）」

環境省（2013）「地域連携促進法のあらまし（平成25年9月改定）」

環境省（2013）「日本のラムサール条約湿地―豊かな自然・多様な湿地の保全と利用―」

環境省（2014）「ラムサール条約国別報告書（2015年第12回締約国会議提出予定版）」

環境省パンフレット（不明）「ラムサール条約湿地のワイズユース」

環境省［翻訳・監修］日本国際湿地保全連合会／ラムサール・ネットワーク日本（2014）「湿地と農業：生産と発展のパートナー」

環境省（2015）「日本のラムサール条約湿地―豊かな自然・多様な湿地と賢明な利用―」

236 参考文献・資料

環境省（2015）「日本のラムサール条約湿地―豊かな自然・多様な湿地と賢明な利用―」

環境省（2016）「生物多様性地域戦略策定の手引き（改定版）」

環境法政策学会編（2009）『生物多様性の保護　環境法と生物多様性の回廊を探る』商事法務

菊池直樹（2006）『蘇るコウノトリ―野生復帰から地域再生へ』東京大学出版会

菊池英弘（2013）「ラムサール条約の締結および国内実施の政策決定過程に関する一考察」長崎大学環境教育研究マネジメントセンター年報5, pp.59-71

北村朋史（2017）「条約の直接適用可能性―条約の国内実施における裁判所の役割とその限界」法学教室 No.442, pp.101-107

北村喜宣（2013）「環境条約の国内実施―特集にあたって」論究ジュリスト07（2013年秋号）

清宮四郎（1979）『法律学全集3・憲法Ⅰ（第三版）』有斐閣

呉地正行（1999）「人工衛星用小型位置送信機を用いたガン類の追跡調査と渡り経路の解明」（http://www.jawgp.org/anet/jg00344a.htm 掲載資料）

呉地正行（2007）「水田の特性を活かした湿地環境と地域循環型共生社会の回復：宮城県・蕪栗沼周辺での水鳥と水田農業の共生を目指す取り組み」地球環境12巻, pp.49-64

呉地正行（2011）「第3章―3生息地をまもる　2　湿地」財団法人日本鳥類保護連盟編『鳥との共存をめざして―考え方と進め方―』中央法規, pp.104-131

呉地正行（2012）「水田と生物多様性：ラムサール条約COP11（ルーマニア・ブカレスト）における展開―ローカルの活動をグローバルに発信することの意義と課題―」里山学研究センター2012年度年次報告書, pp.47-62

交告尚史（2012）「生物多様性管理関連法の課題と展望」新美育文・松村弓彦・大塚直編『環境法大系』商事法務, pp.671-696

小寺　彰（2004）『パラダイム国際法―国際法の基本構成』有斐閣

小寺彰・岩沢雄司・森田章夫（2010）『講義国際法（第2版）』有斐閣

小林昭裕・愛甲哲也編（2008）『自然公園シリーズ2　利用者の行動と体験』古今

書房

菰田　誠（2005）「ラムサール条約—湿地の保全と賢明な利用をめざして—」西井正弘編『地球環境条約—生成・展開と国内実施』有斐閣, pp.58-79

齊藤久美子（2015）「和歌山県串本町のラムサール条約指定と地域経済の活性化について」地域研究シリーズ47（和歌山大学）

財団法人日本自然保護協会（2007）『干潟の図鑑』ポプラ社

斎藤　誠（2011）「グローバル化と地方自治」自治研究第87巻第12号, pp.19-33

斉藤雅洋（2011）「自然環境の公的管理と住民意識—ラムサール条約登録湿地：伊豆沼・内沼の事例から」東北大学大学院教育学研究科研究年報第59集・第2号, pp.69-94

斉藤雅洋（2012）「地域住民の意識から見た伊豆沼・内沼の利用と渡り鳥の保護」伊豆沼・内沼研究報告第6号, pp.17-25

酒井啓亘・寺谷広司・西村弓・濱本正太郎（2011）『国際法』有斐閣

阪本昌成（2000）『憲法理論I（補訂第三版）』成文堂

佐藤　寛（2003）「ラムサール条約への道程—伊豆沼・内沼を中心として」中央学院大学社会システム研究所編『湿地保全法制論—ラムサール条約の国内実施に向けて』丸善プラネット, pp.141-167

佐藤広崇・木南莉莉（2008）「佐潟のワイズユースに関する住民の意識」新潟大学農学部研究報告 60（2）, pp.97-103

佐藤正典編（2000）『有明海の生きものたち　干潟・河口域の生物多様性』海游舎

雑誌「科学」2011年5月号（vol.81, No.5）「特集・有明海—何が起こり、どうするのか」

敷田麻実（2010）「よそ者と協働する生態系保全デザイン：石川県加賀市片野鴨池の坂網猟をめぐるコミュナルリソース」BIO-City 44, pp.74-81

白石善章（2012）「地域ブランドの概念的枠組—地域ブランド意味とその開発を求めて—」田中道雄・白石善章・濱田恵三編『地域ブランド論』同文館出版, pp.15-29

渋谷　誠（2007）「地方公共団体の条約と国際条約」立教法学73巻, pp223-238

杉浦直（2008）「地域文化の現代的文脈―遠野市における検証を加えて―」岩手大学人文社会学部『言語と文化・文学の諸相』, pp.217-242

杉原高嶺（2014）『基本国際法（第2版）』有斐閣

杉谷昭・佐田茂・宮島敬一・神山恒雄（1998）『佐賀県の歴史（県史41）』山川出版

菅野徹（1981）『有明海　自然・生物・観察ガイド』東海大学出版会

菅沼祐一（2014）「協調を生み出した統合する知と仲介する知の研究―2つの湿地保全活動での対立から協調への移行プロセスの事例研究―」日本地域政策研究13号, pp.30-39

鈴木詩衣菜（2016）「湿地保全と沿岸域の防災：ラムサール条約の転換期（特集 海洋・海岸に関する条約の最新動向）」環境と公害 45（3）, pp.16-21

第31次地方制度調査会（2016）「人口減少社会に的確に対応する地方行政体制及びガバナンスのあり方に関する答申（平成28年3月16日）」

高橋和之（2003）「国際人権の論理と国内人権の論理」ジュリスト No.1244, pp.69-82

竹内真理（2017）「国際条約の国内実施―国内諸機関の権限行使の観点から」法学教室 No.444, pp.126-132

武中桂（2008）「『実践』としての環境保全政策：ラムサール条約登録湿地・蕪栗沼周辺水田における『ふゆみずたんぼ』を事例として」環境社会学研究14巻, pp.139-154

武中桂（2008）「環境保全政策における『歴史』の再構成―宮城県蕪栗沼のラムサール条約登録に関する環境社会学的考察」社会学年報（37）, pp.49-58

田中謙（2008）「湿地保全をめぐる法システムと今後の課題」長崎大学経済学部研究年報24, pp.51-74

田中二郎（1991）『新版・行政法　上巻（全訂第二版）』弘文堂

田中俊徳（2016）「ラムサール条約の国内実施における意思決定構造と情報共有の枠組み―公私協働ネットワークと部分社会ルールに着目して―」人間と環境 42（1）, pp.2-16

田中裕人・熱海幾哉・上岡美保（2009）「冬期湛水水田の実施要因に関する分析——宮城県蕪栗沼・周辺水田を対象として」農村研究（108），pp.22-29

谷内正太郎（1991）「国際法規の国内的実施」，広部和也・田中忠編『山本草二先生還暦記念・国際法と国内法——国際公益の展開』勁草書房，pp.109-131

谷本貴之（2011）「地域ブランドの構築とマーケティング戦略——馬路村のゆず加工品，黒川温泉を事例として——」湯浅良雄・山本修平・崖英靖編『地域再生学』晃洋書房，pp.108-138

田村誠・安島清武・阿部信一郎・石島 恵美子（2016）「茨城県・涸沼のワイズユースおよび地域資源の有効活用に向けて：ラムサール条約登録前後における茨城町住民意識調査」茨城大学人文学部紀要・社会科学論集（62），pp.13-23

中央学院大学社会システム研究所編（2003）『湿地保全法制論——ラムサール条約の国内実施に向けて——』丸善プラネット

鳥獣保護管理研究会（2013）『鳥獣保護法の解説（改訂4版）』大成出版社

辻井達一（1987）『湿原——成長する大地（中公新書）』中央公論社

辻井達一・諸喜田茂充・中須賀常雄（1994）『湿原生態系——生き物たちの命のゆりかご』講談社

辻井達一・笹川孝一編（2012）『湿地の文化と技術33選——地域・人々とのかかわり』日本国際湿地保全連合

塚本瑞天（2011）「鳥をまもる仕組みの現状」財団法人日本鳥類保護連盟編『鳥との共存をめざして——考え方と進め方——』中央法規，pp.209-251

坪井明彦（2006）「地域ブランド構築の動向と課題」地域政策研究第8巻3号，pp.189-199

鶴見和子・川田侃編『内発的発展論』東京大学出版会

電通abic project編（2009）『地域ブランドマネジメント』有斐閣

遠井朗子（2013）「生物多様性保全・自然保護条約の国内実施——ラムサール条約の国内実施を素材として」論究ジュリストNo.7（2013年秋号）「特集1環境条約の国内実施——国際法と国内法の関係」，pp.48-54

戸島 潤（2007）「地域づくりの軌跡 ラムサール条約登録地「蕪栗沼・周辺水田」

での環境保全への取り組みと地域社会の発展【宮城県大崎市（旧・田尻町)】」
地域政策研究40号, pp.68-76

特許庁（2016）「地域団体商標事例集2016」

内閣府（2008）「マルチステークホルダー・プロセスの定義と類型（平成20年6月
内閣府国民生活局企画課)」

内閣府（2011）「新しい公共支援事業ガイドライン」

内藤正明・西岡秀三・原科幸彦（1986）『環境指標—その考え方と作成手法（計画
行政叢書②)』学陽書房

中川丈久（2012）「総括コメント—行政法から見た自由権規約の国内実施」国際人
権23号

中村　司（2012）『渡り鳥の世界　渡りの科学入門』山日ライブラリー

成田頼明（1990）「国際化と行政法の課題」成田頼明・園部逸夫・金子宏・塩野
宏・小早川光郎編『雄川一郎先生献呈論集・行政法の諸問題　下』, pp.77-106

西井正弘・臼杵知史（2011）『テキスト国際環境法』有信堂

日本湿地学会監修（2017）『日本の湿地　人と自然多様な水辺』朝倉書店

日本都市センター（2005）「国際条約と自治体」

日本弁護士会（2002）「湿地保全・再生法の制定を求める決議」
〈http://www.nichibenren.or.jp/activity/document/civil liberties/year/2002/2002_1.
html〉

農林水産政策研究所（2012）「生物多様性保全に配慮した農産物生産の高付加価値
化に関する研究」[http://www.maff.go.jp/j/press/kanbo/kihyo01/100409.html]

長谷川裕史・長谷川覚也・竹村健・藤間聡（2006）「地下水流動および海陸風を考
慮したウトナイ湖の土砂分布特性について」水文・水資源学会誌第19巻第3号

橋本行史（2017）『新版　現代地方自治論』ミネルヴァ書房

畠山武道（2004）『自然保護法講義（第2版)』北海道大学出版会

初谷　勇（2012）「地域ブランド政策とは何か」田中道雄・白石善章・濱田恵三編
『地域ブランド論』同文館出版, pp.57-70

パトリシア・バーニー／アラン・ボイル［訳：池島大策・富岡仁・吉田脩］（2007）

『国際環境法』慶應義塾大学出版会

林　健一（2011）「環境指標と行政評価指標の関係に関する一考察」, 中央学院大学社会システム研究所紀要第11巻第2号, pp.63-72

林　健一（2012）「群馬県環境基本計画の見直し結果の分析─環境指標の設定状況を中心に─」, 中央学院大学社会システム研究所紀要第12巻第1号, pp.63-72

林　健一（2016）「有明海のラムサール条約登録湿地の環境保全と地域再生─東よか干潟。肥前鹿島干潟・荒尾干潟の基礎研究─」中央学院大学社会システム研究所紀要第16巻第2号, pp.24-41

林　健一（2016）「ラムサール条約湿地のブランド化と持続可能な利用─『ワイズユース』の定着に向けて─」中央学院大学社会システム研究所紀要第17巻2号, pp.13-33

林　健一（2017）「地方自治体におけるラムサール条約義務等の実質化に関する基礎的検討─地域連携による湿地の保全・再生を目指して─」中央学院大学社会システム研究所紀要第17巻第2号, pp.9-28

林　健一（2017）「ラムサール条約の効果的な実施と地方自治体の役割」中央学院大学社会システム研究所紀要第18巻第1号, pp.1-20

林健一・佐藤寛（2013）「ステークホルダーとの協働による湿地保全再生システムの構築─ラムサール条約の理念実現に向けて─」中央学院大学社会システム研究所14巻1号, pp.45-54

林健一・佐藤寛（2014）「ラムサール条約の観点から見た日本の湿地政策の課題」中央学院大学社会システム研究所紀要第15巻1号, pp.1-14

林健一・佐藤寛（2015）「日本のラムサール条約湿地の特徴と課題」中央学院大学社会システム研究所紀要第15巻第2号, pp.13-30

林健一・佐藤寛（2016）「水田と一体となったラムサール条約湿地の保全と活用」中央学院大学社会システム研究所紀要16巻2号, pp.42-62

原田大樹（2014）『行政法研究叢書30・公共制度設計の基礎理論』弘文堂

原田保・三浦俊彦（2011）『地域ブランドのコンテクストデザイン』同文館出版

橋部佳紀（2008）「北海道における「ふゆみずたんぼ」型農法の取り組み」ワイル

ドライフ・フォーラム（「野生生物と社会」学会）12巻4号, pp.6-10

琵琶湖ラムサール研究会（2001）『ラムサール条約を活用しよう—湿地保全のツールを読み解く』琵琶湖ラムサール研究会

北海道ラムサールネットワーク編（2014）『湿地への招待　ウエットランド北海道』北海道新聞社発行

保母武彦（1990）「内発的発展論」宮本憲一・横田茂・中村剛治郎編『地域経済学』有斐閣, pp.327-350

堀良一・柏木実監修、池田愛美・宮林泰彦訳・伊藤よしの編（2008）『「ラムサール条約入門」—ゆたかな山・川・里・海を未来に伝える（ラムサール条約マニュアル第4版）』日本湿地ネットワーク

増田正・友岡邦之・片岡美喜・金光寛之編著（2011）『地域政策学事典』勁草書房

松井芳郎（2010）『国際環境の基本原則』東信堂

松田　誠（2011）「実務としての条約締結手続」新世代法政策学研究10号, pp.301-330

松本英昭（2000）『新地方制度詳解』ぎょうせい

松本英昭（2017）『新版　逐条地方自治法（第9次改訂）』学陽書房

Matthews（1993）［訳：小林聡史］『ラムサール条約その発展と歴史』釧路国際ウエットランドセンター

三浦・三戸自然環境保全連絡会編（2015）『失われた北川湿地　なぜ奇跡の谷戸は埋められたのか？』サイエンティスト社

源由里子編著（2016）『参加型評価—改善と変革のための評価の実践』晃洋書房

南　眞二（2000）「日本における湿地保全政策への提言」奈良県立商科大学研究季報第11巻第2号, p.35-49

南　朋子（2007）「新しい環境保全型農業と農産物の地域ブランド化に関する研究—兵庫県豊岡市における『コウノトリ育む農法』の取り組みを事例として—」農林業問題研究第166号, pp.118-123

宮内泰介編（2013）『なぜ環境保全はうまくいかないのか—現場から考える「順応的ガバナンス」の可能性』新泉社

宮内泰介編（2017）『どうすれば環境保全はうまくいくのか―現場から考える「順応的ガバナンス」の進め方』新泉社

宮城県大崎市産業経済部産業政策課（2014）「生きもの共生型農業を核とした持続可能な地域づくり―蕪栗沼・ふゆみずたんぼプロジェクト」計画行政37巻4号，pp.59-62

村瀬慶紀（2015）「観光による地域活性化と自然保護：ラムサール条約に湿地登録された渡良瀬遊水地を事例として」現代社会研究（13），pp.155-162

森口祐一（1998）「持続可能な発展の計測方法」内藤正明・加藤三郎編『岩波講座 地球環境学10 持続可能な社会システム』岩波書店，pp.97-126

森口祐一（2006）「環境指標とその開発の枠組み」環境経済政策学会編・佐和隆光監修『環境経済・政策学の基礎知識』有斐閣，pp.138-139

谷津義男・北川知克・森山正仁・末松善規・田島一成・村井宗明・江田康幸共著（2008）『生物多様性基本法』ぎょうせい

矢部和夫・山田浩之・牛山克巳監修・ウェットランドセミナー100回記念出版委員会編（2017）『湿地の科学と暮らし―北のウエットランド大全』北海道大学出版会

山下弘文（1993）『ラムサール条約と日本の湿地―湿地の保護と共生への提言』信山社出版

山本草二（1994）『国際法（新版）』有斐閣

山田哲史『グローバル化と憲法―超国家的法秩序との緊張と調整（憲法研究叢書)』弘文堂

遊磨正秀監修（2011）『生きものたちがたくさん！ 湿地の大研究―役割から保全の取り組みまで』PHP

横田洋三・秋月弘子・二宮正人監修（2016）『人間開発報告書2015』（株）CCCメディアハウス

米田富太郎・龍澤邦彦（2003）「『条約義務実質化』論―ラムサール条約を念頭にして」中央学院大学社会システム研究所編『湿地保全法制論―ラムサール条約の国内実施に向けて―』丸善プラネット，pp.43-76

米田富太郎（2003）「環境保護と国際法—ラムサール条約の意義と概要」中央学院大学社会システム研究所編『湿地保全法制論—ラムサール条約の国内実施に向けて—』丸善プラネット, pp.21-37

米田富太郎（2005）「自治体と国際環境保護条約義務の履行：『湿地保全法制論』の再論として」中央学院大学社会システム研究所紀要第5巻2号, pp.1-21

ラムサールCOP10のための日本NGOネットワーク（2008）「湿地の生物多様性を守る—湿地政策の検証—」

鷲谷いずみ（2007）「氾濫原湿地の喪失と再生：水田を湿地として生かす取り組み」地球環境 Vol.12 No.1, pp.3-6

和田充夫（2007）「コーポレートCSRアイデンティティ作りと地域ブランド化の連携」商学論究（関西学院大学）55巻1号, pp.1-17

英語文献

Ramsar Convention Secretariat（2010）"Ramsar handbooks for the wise use of wetlands, 4th edition", vol.1〜20, Ramsar Convention Secretariat, Gland, Switzerland. ［http://www.ramsar.org/resources/ramsar-handbooks］（最終検索：2016年9月26日）

Handbook1：Wise use of wetlands：Concepts and approaches for the wise use of wetlands

Handbook2：National Wetland Policies：Developing and implementing National Wetland Policies.

Handbook3：Laws and institutions：Reviewing laws and institutions to promote the conservation and wise use of wetlands.

Handbook4：Avian influenza and wetlands：Guidance on control of and responses to highly pathogenic avian influenza.

Handbook5：Partnerships：Key partnerships for implementation of the Ramsar Convention.

Handbook6：Wetland CEPA：The Convention's Programme on communication, education, participation and awareness (CEPA) 2009-2015.

Handbook7 : Participatory skills : Establishing and strengthening local communities' and indigenous people's participation in the management of wetlands.

Handbook8 : Water-related guidance : An Integrated Framework for the Convention's water-related guidance.

Handbook9 : River basin management : Integrating wetland conservation and wise use into river basin management.

Handbook10 : Water allocation and management : Guidelines for the allocation and management of water for maintaining the ecological functions of wetlands.

Handbook11 : Managing groundwater : Guidelines for the management of groundwater to maintain wetland ecological character.

Handbook12 : Coastal management : Wetland issues in Integrated Coastal Zone Management.

Handbook13 : Inventory, assessment, and monitoring : An Integrated Framework for wetland inventory, assessment, and monitoring.

Handbook14 : Data and information needs : A Framework for Ramsar data and information needs.

Handbook15 : Wetland inventory : A Ramsar framework for wetland inventory and ecological character description.

Handbook16 : Impact assessment : Guidelines on biodiversity inclusive environmental impact assessment and strategic environmental assessment.

Handbook17 : Designating Ramsar Sites : Strategic Framework and guidelines for the future development of the List of Wetlands of International Importance.

Handbook18 : Managing wetlands : Frameworks for managing Wetlands of International Importance and other wetland sites.

Handbook19 : Addressing change in wetland ecological character : Addressing change in the ecological character of Ramsar Sites and other wetlands.

Handbook20 : International cooperation : Guidelines and other support for

246　参考文献・資料

international cooperation under the Ramsar Convention on wetlands.

Ramsar Convention Secretariat（2016a）"An Introduction to the Ramsar Convention on Wetlands（ramsar handbooks 5th edition1, 2016）[http://www.ramsar.org/resources/ramsar-handbooks]（最終検索：2016年9月26日）

Ramsar Convention Secretariat（2016b）"The Fourth Ramsar Strategic Plan 2016 -2024（ramsar handbooks 5th edition2,2016）"[http://www.ramsar.org/resources/ramsar-handbooks]（最終検索日：2016年9月26日）

「東よか干潟」関係資料

金子信二（2007）『佐賀読本』出門堂

佐賀市（不明）「ラムサール条約湿地　東よか干潟―つなごう、未来へ―」

「肥前鹿島干潟」関係資料

鹿島市（不明）「ラムサール条約湿地　肥前鹿島干潟」

鹿島ニューツーリズム推進協議会発行（不明）「HOT！MEKU〈たび旅かしま通年版〉」

「荒尾干潟」関係資料

環境省九州地方環境事務所（2014）「ラムサール条約湿地　荒尾干潟ガイドブック」

荒尾干潟保全・賢明利活用会議（2013）「荒尾干潟～渡り鳥のオアシス～」

日本野鳥の会熊本県支部（不明）「ラムサール条約湿地荒尾干潟へようこそ」

荒尾市ものがたり観光研究会（2014）「荒尾干潟ものがたり」

みらい広告出版「特集3　大牟田と荒尾は野鳥の楽園」どがしこでん第22号（2016年4月）

「伊豆沼・内沼」関係資料

伊豆沼・内沼自然再生協議会（2009）「伊豆沼・内沼自然再生全体構想　伊豆沼・内沼らしさの回復～かえってこい、ひと・みず・いきもの～」

参考文献・資料　*247*

宮城県伊豆沼・内沼環境保全財団（不明）「命を育む・ネイチャーランド伊豆沼・内沼」

宮城県伊豆沼・内沼環境保全財団監修（不明）「ラムサール条約登録湿地伊豆沼・内沼の自然　野鳥観察GUIDE　MAP・登米市」

宮城県伊豆沼・内沼環境保全財団監修（不明）「ラムサール条約登録湿地伊豆沼・内沼の自然　淡水魚観察GUIDE　MAP・登米市」

宮城県伊豆沼・内沼環境保全財団「伊豆沼・内沼サンクチュアリーセンターニュース」

「片野鴨池」関係資料

加賀市片野鴨池坂網猟保存会編（2001）「石川県指定文化財・片野鴨池と坂網猟『ガイドブック』」加賀市片野鴨池坂網猟保存会

加賀市鴨池観察館（2012）「鴨池ハンドブック・人と自然がなかよくくらす池」

加賀市鴨池観察館・鴨池観察館友の会（不明）「片野鴨池トモエガモハンドブック」

加賀市片野鴨池坂網猟保存会編（2008）『片野鴨池と村田安太郎』時鐘舎新書

片野鴨池周辺生態系管理協議会（2012）「雨水ためるとカモが来る～カモのための雨水たんぼ」

「佐潟」関係資料

新潟市（2011）「ラムサール条約湿地佐潟―新潟市―」

佐潟水鳥・湿地センター（不詳）「ラムサール条約湿地佐潟　ともにいきる潟・潟にすむいきもの」

新潟市潟環境研究所「潟研究所ニュースレター」

「瓢湖」関係資料

阿賀野市（不詳）「白鳥の瓢湖」

本間隆平監修（2003）「白鳥と水辺の鳥・写真で見る小図鑑」阿賀野市・瓢湖の白鳥を守る会

「ウトナイ湖」関係資料

環境省（不詳）「ウトナイ湖（パンフレット）」

環境省（不詳）「ウトナイ湖野鳥保護センター　ようこそウトナイ湖へ」

日本野鳥の会（2006）『ウトナイ湖・勇払原野保全構想報告書―野鳥保護資料集大
　19集』

ラムサール条約関係ホームページ

環境省ホームページ「ラムサール条約と条約湿地」
　http://www.env.go.jp/nature/ramsar/conv/

琵琶湖ラムサール条約研究会「ラムサール条約を活用しよう―湿地保全のツール
　を読み解く―」
　http://www.biwa.ne.jp/˜nio/ramsar/projovw.html

ラムサール条約事務局
　http://www.ramsar.org/

ラムサール条約ハンドブック
　http://www.ramsar.org/resources/ramsar-handbooks

環境省HP（野生鳥獣の保護管理）
　http://www.env.go.jp/nature/chojyu/area/areal.html

環境省HP（国立公園）
　http://www.env.go.jp/park/system/teigi.html

国土地理院ホームページ（国土地理院の湖沼湿原調査）
　http://www1.gsi.go.jp/geowww/lake/chousagaiyou.html

外務省ホームページ「ラムサール条約」
　http://www.mofa.go.jp/mofaj/gaiko/kankyo/jyoyaku/rmsl.html

【著者紹介】

佐藤　寛（さとう　ひろし）
1953 年生まれ
国際学博士（横浜市立大学）
現在：中央学院大学現代教養学部学部長・教授、中央学院大学社会システム研究所長、放送大学非常勤講師
主著：『モンゴル国の環境と水資源　ウランバートル市の水事情』（単著）成文堂（2017）、『水循環保全再生政策の動向―利根川流域圏内における研究』（共著）成文堂（2015）、『水循環健全化対策の基礎研究―計画・評価・協働―』（共著）成文堂（2014）その他論文多数

林　健一（はやし　けんいち）
1967 年生まれ
地域政策学博士（高崎経済大学）
現在：中央学院大学社会システム研究所准教授、高崎経済大学地域政策学部非常勤講師
主著：『水循環保全再生政策の動向―利根川流域圏内における研究』（共著）成文堂（2015）、『水循環健全化対策の基礎研究―計画・評価・協働―』（共著）成文堂（2014）その他論文多数

ラムサール条約の国内実施と地域政策
－地域連携・協働による条約義務の実質化－

2018 年 3 月 30 日　　初版第 1 刷発行

編　集	中央学院大学社会システム研究所
発行者	阿部成一

〒 162-0041　東京都新宿区早稲田鶴巻町 514
発行所　　株式会社　成文堂

電話 03(3203)9201(代)　FAX 03(3203)9206
http://www.seibundoh.co.jp

製版・印刷・製本　シナノ印刷　　　　　　　　　　検印省略

©2018　中央学院大学社会システム研究所　printed in Japan

☆乱丁・落丁本はおとりかえいたします☆

ISBN978-4-7923-8079-3　C3036

定価（本体 4000 円＋税）